有元葉子的
野菜教室
この野菜にこの料理

前言

豐富的蔬食生活，極力推薦！

初春高麗菜的淺綠，四季豆清脆的口感，經過夏日陽光洗禮、外皮吹彈可破的番茄鮮嫩多汁、來自大地的禮物——牛蒡的嚼勁與香氣……我常想，世界上有這麼多的食材，其中最珍貴的莫過於「蔬菜」，不是嗎？蔬菜必須擇時栽種、小心呵護，費工夫栽培。然而，蔬菜做成的蔬食料理總是顯得有些單調，缺少變化，而且無法成為主菜。不過，若以特別的方式調理成美味的料理，食用後身體的狀況自然變好也是蔬菜的力量。

長久以來，我經常介紹義大利菜、異國風味菜、和食等各式料理，起源幾乎都是蔬菜。如今我對於手邊的蔬菜，依然抱持著「由於是當令蔬菜，所以想吃這種料理」，或是「不妨試試看這種做法」的觀念。

因此，和各位讀者一樣非常喜歡蔬菜的我，將在本書中針對各種蔬菜，分別介紹自己最喜歡的三道料理。雖然三道料理都用同樣的蔬菜，但試著在用法、調味和料理方法上做出變化。此外，也介紹有關蔬食料理誕生的故事，例如如何將在國外品嘗到的美味料理轉化成獨創的菜色，或是因為突發奇想試做，結果變得很好吃，成為我們家的家常菜等等。

只要適當花點工夫，其實不需額外做什麼就很棒。我個人研發的祕訣或味道的調整也都盡可能詳盡地說明。

這些料理，都是既簡單又可輕鬆動手的。若能有一、兩道在各位的廚房中做出來，我會深感榮幸。

蔬菜和人一樣，具有各式各樣的個性，就從了解它們的個性開始吧！在開始做最棒的三道料理之前，本書也會先說明各種蔬菜的特徵、處理方式和概念。

經過一年「想做這道菜」「想吃這道菜」的嘗試過程中，我真實感受到身體變好了。每次站在廚房時，都會受大自然的奧妙所感動，同時覺得「還是做蔬食料理有趣」！

有元葉子

伍 沒料想到卻意外美味的蔬菜

陸 便宜又容易使用的蔬菜

柒 暖呼呼、蓬鬆，令人戒不掉的薯類

捌 想要大量攝取的綠色蔬菜

玖

使腸胃變好、滋味深邃的根菜類

索引

有關本書的標記

*計量單位：1杯200cc，1大匙15cc，1小匙5cc。
*作者使用的橄欖油全部都是初榨橄欖油。
*食譜的材料放在下欄，做法則是在內文裡。不過簡單的料理有時會把材料和做法直接放在內文裡。

馬鈴薯：西西里馬鈴薯沙拉→P.30

善用檸檬香氣：訣竅是趁蒸熟的馬鈴薯還熱熱的時候，以大型叉子搗成粗顆粒狀，淋上檸檬汁。剩下的檸檬汁可淋在鮪魚上，去除腥味。

高麗菜：高麗菜燉豬肉→P. 36

飽含水分後蒸煮：只要將飽含水分的高麗菜與豬肉放入厚鍋裡，加鹽、胡椒後蓋上鍋蓋，以稍小的中火燜煮5～8分鐘。能吃下意想不到的大量高麗菜。

爆炒高麗菜→P.38

懷舊的滋味：從女兒小時候就製作的令人懷念的味道。將清脆的高麗菜用油爆香，炒的時候會噴油，訣竅是用鍋蓋擋住噴出的油。

高麗菜：荷蘭芹高麗菜沙拉→P.39

新高麗菜：新高麗菜與味噌豬肉片→P.41

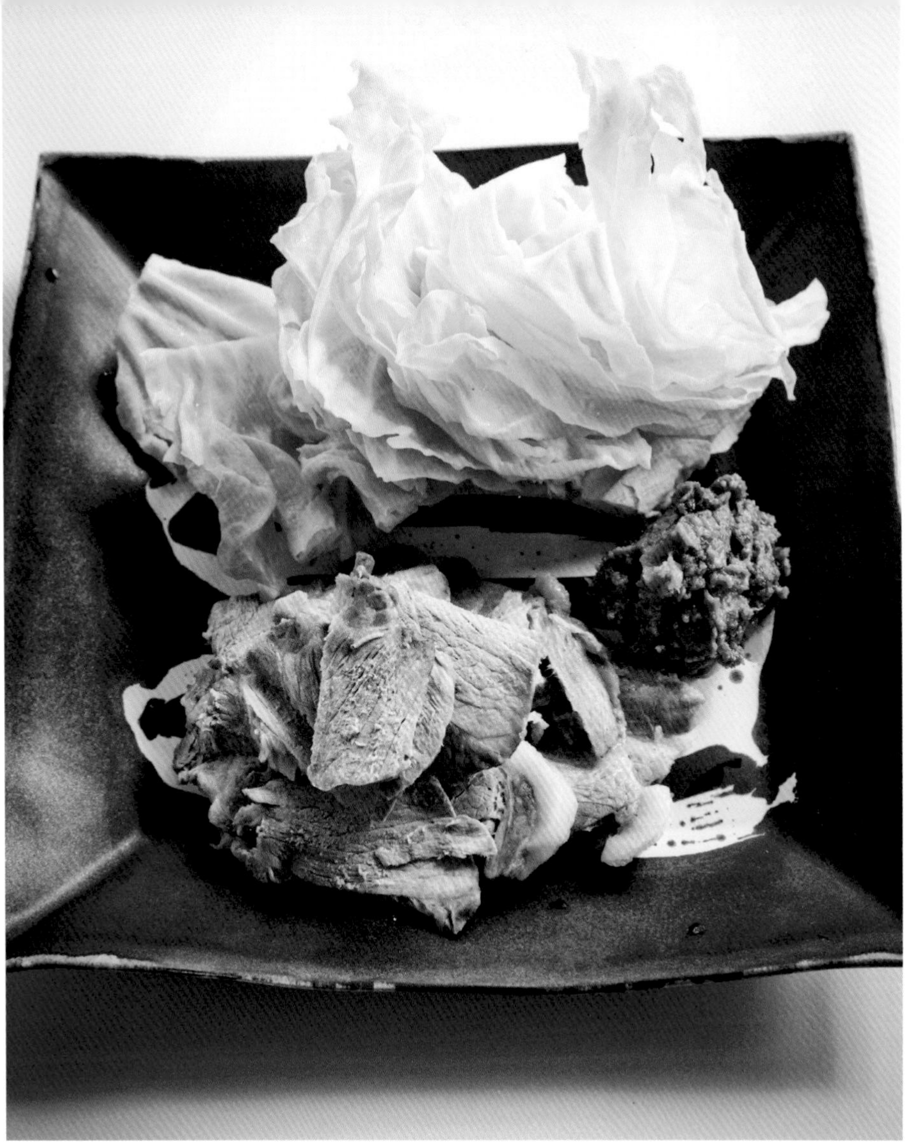

生吃高麗菜的處理方式：任何高麗菜都是這樣處理，尤其是新高麗菜，因為想充分品嘗新鮮的口感，先浸泡在冷水中，變清脆後才使用。這點很重要。

新洋蔥：新洋蔥湯→P.54

用小火咕嘟咕嘟地燉煮：使用整個新洋蔥燉煮，1個洋蔥就是1人份。在有放雞胸肉的芹菜湯（P.107）或蒸雞翅湯（P.55）中，將新洋蔥燉煮到軟即完成。

洋蔥：醋漬紅洋蔥與甜菜 → P.46

蘿蔔：絞肉燉蘿蔔↓P. 60

白菜：清爽醋拌白菜
↓P. 67

豪邁地使用：切開南瓜的頭部，去除籽和漿質果肉，裝滿起司和奶油後，整個燒烤的料理。這是道分量十足的待客料理，別忘了也要將瓜蓋的籽和漿質果肉挖除。

南瓜：烤南瓜

↓P.71

簡單品嘗豌豆：簡單料理就能做得美味，證明素材很新鮮。兩種莢豆都要先汆燙得還帶咬勁。盛盤也適合使用高雅的器皿。典雅的粉色器皿是陶瓷女王 Perrochon 的作品，下面的竹簍則是我在英國找到的心愛用品。

莢豆：清燙四季豆
↓P.83

壹

一年四季都看得到的蔬菜，當令的嘗鮮方法

在菜籃、冰箱內總是看得到的馬鈴薯，也和高麗菜、洋蔥一樣，經常扮演襯托其他材料美味的角色，將它切碎、混勻就可搭配在燉煮料理、沙拉、炸物當中。雖然馬鈴薯也可以這樣當配角，但我還是想要充分活用它的個性，當作料理主角品嘗。

在限定期間冠上「新」字的蔬菜，只有當令的季節才可品嘗到它們獨具特色的鮮嫩與香味。因此，以簡單的方式調理是最棒的。

馬鈴薯

世界各地都有馬鈴薯。一般人都認為馬鈴薯是寒冷地區的蔬菜，事實上不同的土壤會生長出紅皮、鬆軟、黏稠不一的品種，從北到南，幾乎所有的國家都有馬鈴薯。

和日本一樣，馬鈴薯在任何國家都是既便宜又唾手可得的食材。雖然世界各地有不同的吃法，但不論哪種烹調方式都很美味。馬鈴薯的外觀看起來不起眼，卻像穀類一樣，是百吃不厭的食材，可說是全世界都喜愛的蔬菜。

若將馬鈴薯多煮或多蒸一點保存起來，飯有點不夠時就是很實用的主食。加入料理時，也是在平底鍋裡稍微烘烤一下或是搗成泥，就能馬上使用。

我曾到過保加利亞一家沙丁魚料理店用餐，當時和該店招牌菜鹽烤沙丁魚與紅酒一起端出來的就是整顆煮好的馬鈴薯。肥厚的鹽烤沙丁魚，配上馬鈴薯，更顯得美味可口。我想馬鈴薯就像日本烤魚料理中不可欠缺的白飯一樣。

馬鈴薯依品種的不同，加熱後吃起來的口感也不一樣。有一壓就變鬆軟、吃起來綿密細緻的「男爵馬鈴薯」「印加的覺醒馬鈴薯」、「北明馬鈴薯」等粉質品種，也有很難煮碎、吃起來黏糊糊的「五月皇后馬鈴薯」「Touya」「紅月馬鈴薯」等粘質品種，請充分地好好使用。一般來說，粉質品種適合做成沙拉、可樂餅、薯條；黏質品種則適合做成燉煮料理和油炸料理。

1 燜烤馬鈴薯雞肉

這道菜是我家最常見的基本料理。將馬鈴薯搭配肉類料理，就可拿來當主菜。馬鈴薯吸飽肉類所釋出的湯汁，味道會變得相當濃厚、美味。除了雞肉之外，改用炸豬排用的豬肉、香腸或厚切培根、羊排等帶骨肉烹調也OK。

還可用厚底鍋或附蓋的平底鍋直接燜烤，連鍋子一起放入烤箱也可以。

馬鈴薯削不削皮都沒關係，重點是要切大塊。接著只要將肉與馬鈴薯交錯放入鍋裡，置於爐火上。在你忙其他事情的時候，這道菜就煮好了。

（1）將馬鈴薯切成約2cm厚（至少1cm以上）的圓片，泡水10分鐘左右。

（2）雞肉切成4～5cm的塊狀，加少許鹽巴、胡椒，並撒上喜好的香草後醃漬入味。大蒜去芯，用刀背壓碎，使香味容易出來。

（3）厚鍋裡放入初榨橄欖油和大蒜炒香，將①的馬鈴薯和②的雞肉豎著交錯排列。

（4）緊緊蓋上鍋蓋，以較弱的中火燜烤30～40分鐘，當所有材料呈現焦黃色即可起鍋。起初擔心烤焦，會加入少許的高湯，但試了幾次後發現，若是厚鍋就不用加水，利用肉和馬鈴薯的水分就夠了。只要烤到有點焦黃的程度即可。

在交錯鋪好的馬鈴薯和雞肉上，撒上新鮮的迷迭香或百里香燜烤，味道會更香。

這道料理若撒些咖哩粉，或加入丁香、小茴香等味道濃郁的辛香料，就能變成非常有個性

●燜烤馬鈴薯雞肉

【材料．4人份】

馬鈴薯　4個

雞腿肉　1片（約300g）

大蒜　3～4片

迷迭香、百里香等（有的話）適量

初榨橄欖油　2大匙

鹽、胡椒　各適量

的料理。若用曬乾的鱈魚或薄鹽鮭魚取代雞肉，則能做成北歐口味的料理。此時不用油，改用奶油或鮮奶油爆香會很美味，或是放入大量的橄欖油和大蒜來烤，最後再擠入檸檬汁，也很好吃。大家可以自由運用。

除了馬鈴薯，若再加入紅蘿蔔、櫛瓜等蔬菜，色彩會更豐富，放入番茄更是別有一番風味。若適逢豆類產季，烤到一半，再加入生鮮的四季豆和蠶豆，不但色彩變美，也會產生豆類的香甜。

肉用鹽、胡椒醃過後淋上初榨橄欖油，再加入香草或辛香料，前一天先醃漬好會更美味，成為適合搭配紅酒的西式料理。

這是能廣泛應用的便利食譜，可發展成各種自行調製的創意料理。料理有趣的地方就是要發揮自己的創意，運用手邊的材料，做出意想不到的有趣料理。

2 和風薯塊

和一般鹹味的馬鈴薯不同，這道和風式薯塊微甜，不知為何有種不同層次的口感，很受歡迎。

甜味依個人喜好，不論是加砂糖、和三盆糖★或是楓糖皆可，再加點鹽巴就能做出白花花的裹粉薯塊。

（1）馬鈴薯選用男爵馬鈴薯等粉質類，去皮後切成一口大小，稍微泡一下水。

（2）鍋裡放入①的馬鈴薯，倒入足以覆蓋材料的清水後開始煮。

（3）中途加入少許的鹽巴，當馬鈴薯煮軟時倒掉熱水。

（4）加糖後，再次置於爐火上，邊搖晃鍋子邊以中火加熱，最後撒上麵粉。

以非常少量的醬油代替鹽巴，馬鈴薯染點醬油色也很美味。總之，不論是甜味或鹹味都要適度，若是煮得微甜，美味會更加明顯。依馬鈴薯的品種，也會有一煮就立刻變鬆軟、碎掉的情形，這時，要一開始就加砂糖和鹽巴。

糖和鹽分的增減，依個人的喜好會有不同，拿捏上有點難，可先加入少量，不夠甜或鹹時，再慢慢增加。

最具代表性的薯類甜點是地瓜，但微甜的馬鈴薯也別有一番風味。

◎和風薯塊

【材料．4人份】

馬鈴薯 4個

砂糖 1～2大匙

鹽巴 少許

★和三盆糖：原產自日本四國東部的黑砂糖，色澤淡黃，顆粒均勻，「三盆」之名來自其製作工藝「在盤上研磨砂糖三次」。

3 西西里風馬鈴薯沙拉

一提到馬鈴薯，多半會想到的就是放入黃瓜、洋蔥的馬鈴薯沙拉。這道西西里風馬鈴薯沙拉則使用許多色彩繽紛的食材，是很棒的佳餚。

材料全部是地中海西西里島的產物。馬鈴薯在西西里島也是常見的蔬菜，把同一產地的食材混入蒸熟的馬鈴薯裡，自然就變成美味的什錦沙拉。

使用連皮一起蒸熟、爽口好吃的粉質品種馬鈴薯。一整顆馬鈴薯放入蒸籠中，以大火蒸到吃起來不會有含太多水分的感覺。蒸15到20分鐘時，用竹籤刺看看小顆的，將能刺穿的馬鈴薯依序取出。

以前煮一整顆馬鈴薯時，我會連皮一起水煮，但煩惱的是，用竹籤穿刺確認是否煮熟時，水就會從穿刺的洞流進去，怎麼樣都會煮得水水的。後來嘗試用蒸的，果然就蒸得非常美味鬆軟，從此就連皮一起蒸煮。

（1）馬鈴薯充分洗淨，整顆蒸熟後立刻剝皮，趁熱用叉子搗成粗顆粒狀，立刻擠入檸檬汁。總之，馬鈴薯要煮得好吃的重點，就是趁熱淋上檸檬汁或是少許的醋。

（2）海鮮類是使用鮪魚罐頭。鮪魚不是用薄片狀的，而是一大塊或小塊狀（一口大小）堅韌的魚肉。先瀝除罐頭湯汁。

（3）具清脆口感的紅洋蔥沿著纖維切薄片，小番茄則對半切開。義式香菜切碎，酸豆先

◎西西里風馬鈴薯沙拉

【材料．4人份】

馬鈴薯　大型4個
鮪魚罐頭（80g）　2罐
紅洋蔥　½～1個
小番茄　10～15個
義式香菜　2～3枝
酸豆（鹽漬）　2～3大匙
檸檬　大型1個
初榨橄欖油　2～3大匙
鹽巴　½小匙
胡椒　適量

＊圖→P.10

瀝乾水分。

（4）將上述的材料全部混勻，加入初榨橄欖油和鹽、胡椒調味。配合酸豆的鹹度調整鹽巴的分量。

旅居義大利時，我不會備齊這麼多材料。經常只做有馬鈴薯、酸豆和橄欖油的沙拉，就很樂在其中。沙拉中再加入烤好的魚或肉，添加生菜，馬鈴薯就成為主食兼副菜，不需要麵包。這是我旅居義大利時經常當飯吃的一道菜。

【美味祕訣】世界上最受歡迎的辛香料拌薯條

以馬鈴薯製成的薯條，不論在哪個國家都是人氣料理，可拿來當零食點心、下酒菜或配菜。在英國和美國，任何料理的旁邊都會加一堆快滿出餐盤的炸薯條。即使在越南或義大利，薯條也是相當普遍的料理，我也有過吃薯條很美味的回憶。

要炸出外脆內鬆軟的薯條的祕訣，就是先將馬鈴薯用鹽水煮過再炸。將馬鈴薯切成月牙形，泡水後放入加了少許鹽巴的熱水裡煮5分鐘左右，以竹簍濾去水分。煮過的馬鈴薯放入加熱至180℃的油中，炸至香噴噴的焦黃色，利用網杓將馬鈴薯從熱油中撈出再放入幾次，就

新馬鈴薯

初春到初夏大量出現，外觀小巧可愛的馬鈴薯就是新馬鈴薯。由於顆粒較小，就算整顆拿來烹調也能很快煮透，而且有特殊的鮮嫩香味。新馬鈴薯水分多，與其品嘗鬆軟口感，不如用炒或油炸來得好吃。此外，新馬鈴薯不容易煮爛，經常用來燉煮。新馬鈴薯的皮薄，可連皮一起烹調也是其好處之一。

1 酸奶油新馬鈴薯沙拉

一定要介紹的就是這道料理。馬鈴薯和帶酸味的醬料很搭，味道爽口的新馬鈴薯，若與酸奶油混合就能調出香濃的味道，超級搭配。這道沙拉的卡路里有點高，卻非常好吃。

將連皮一起炸過或是蒸、煮過的新馬鈴薯，放入塗了一層薄油的平底鍋裡，邊翻炒邊與酸奶油混勻，最後加入鹽和胡椒就可起鍋。

做法超級簡單吧！若添加煮過的四季豆，顏色會更漂亮，或是在蒸過後拌入酸奶油的新馬鈴薯上加點魚子醬做裝飾，就成為一道招待客人的料理。

在連皮一起煮過的新馬鈴薯上淋初榨橄欖油、酒醋（也可用一般的醋）、加少許的鹽和胡椒、大量的細香蔥，如果喜歡，再加入切碎的蒔蘿充分拌勻，就是一盤好吃的涼拌菜，我自己非常喜歡。

2 涼拌新馬鈴薯絲

這是一道生吃的新馬鈴薯料理，祕訣是將新馬鈴薯盡量切成細絲。只要以能完全削薄的刨刀刨成薄片，再將薄片切細就能簡單切成細絲。

將細絲泡在冰水或冷水3～5次，完全除去新馬鈴薯中的澱粉質，就能變成纖細、口感清脆的馬鈴薯絲。淋上兩、三杯醋或是柚子醋，做成帶點醋香的涼拌菜，就是一道和風沙拉，吃起來很爽口。

這道料理若用冬天澱粉質多的馬鈴薯製作，不容易成功，用新馬鈴薯則可以輕鬆完成。混入少許切碎的鴨兒芹，一片白絲中出現幾許綠意，顏色會很漂亮。

這道料理可漂亮地裝盤變成沙拉或涼拌菜。不論是裝滿一整個大碗當沙拉，或是分裝在一人份小碟子中當涼拌配菜都好。

新馬鈴薯盛產期也是青柚子當令時期，撒上青柚末也有助於提升料理的香氣和美觀，當作季節限定的宴客料理，一定很受歡迎。

高麗菜

我喜歡的高麗菜料理，材料和調理方法都很簡單。材料少當然容易做，但我更重視的是素材的原味，所以一向不主張加入雜七雜八的東西。

想引出蔬菜或肉的某種味道時，會使用不造成干擾的素材，或沒有也沒關係的調味料。刪減那些沒必要的材料的結果，我的食譜就變得很簡單。不過，越是簡單的料理，就越有非加不可的東西，通常也就是能增添美味的小訣竅。

舉例來說，做事前準備，先除去素材多餘的水分或反之使其飽含水分時，多花點工夫，掌握一些小竅門，就能增加料理的香氣、口感、配色的美觀，及改變料理的完成度。火候的調整也一樣。先將鍋子預熱，或是視烹飪情況中途關小火等步驟，都是能引出素材香氣、美味的小祕訣，非常重要。

此外，好好利用香氣重的蔬菜或辛香料也是重要的小訣竅。只要稍微加點香味蔬菜或是個人喜愛的辛香料，一成不變的味道就會多了些層次感，也變得更香了。

雖然一年四季在市場上都能買到高麗菜，但還是有冬季高麗菜和春季高麗菜之分。高麗菜依季節在味道和口感上有很大的不同，在冬天和初春時改變烹調方式，就是將高麗菜做得更美味的祕訣。

冬季高麗菜的捲葉硬且菜葉厚，好好烹煮就能引出其甜味而變好吃。在寒冷的季節，若要做美味的燉煮料理，絕對要用高麗菜。

另外，從初春開始上市的春季高麗菜，也稱為新高麗菜，捲葉較小且鮮嫩，適合生吃或是快速在爐火上煮一下。

此外，夏天和秋天時還有寒冷地帶栽種出來的高山高麗菜，因此，一年四季都能在餐桌上吃到高麗菜。

1 高麗菜燉豬肉

每次用半顆高麗菜做這道料理，總會出現「若用一整顆高麗菜來做就好了」的後悔念頭。這道菜就是這樣能充分吃到高麗菜美味的料理。

當然，新鮮的高麗菜光是蒸煮就很好吃，若加入豬肉、培根或是香腸等肉類，不但會變成料很實在的下酒菜，高麗菜的甘甜，加上肥肉的加乘效果，會變得更加美味。

較肥的豬肉容易令人敬而遠之，但好吃的豬肉，連肥肉本身也有甜味。這道料理就是充分利用肥肉的特色。豬肉要選帶些肥肉的肩里肌肉，若是培根就用優質的產品，才能煮出好吃的燉菜。

還有，這道料理不可缺少的就是鍋蓋能蓋得緊密的厚鍋。只要有這樣的鍋子，花10分鐘左右就能煮好，回到家後想要早點享用，也要靠這種鍋子。

另一個重點是，燉煮之前先讓高麗菜吸飽水分。高麗菜若飽含水分，就不需要另外加入蒸煮的水。無論如何都沒空將高麗菜泡水時，則要在高麗菜放入鍋裡時，加入不會燒焦程度的水

●高麗菜燉豬肉

【材料．4人份】

高麗菜 ½個～1個

豬肩里肌肉片 150～200g

鹽、胡椒 各適量

＊若沒有厚底鍋，就要加3大匙水燉煮，以免燒焦。

＊圖→P.12

（50ｃｃ左右）來燉煮。

（**1**）要用的高麗菜，放入冷水中浸泡5～10分鐘，使之充分吸飽水分後，切成大塊，不瀝除水分，放入厚鍋裡。豬肉切成容易入口的大小。

（**2**）豬肉平鋪於高麗菜上，加鹽、胡椒後緊密蓋上鍋蓋。以稍小的中火燉煮5～8分鐘，將高麗菜煮至個人喜好的軟度。

我通常會在裝盤後撒上大量的胡椒。

若時間充裕，以小火慢慢燉煮的「高麗菜湯」更是一道極品。從變軟的高麗菜中釋出的甜分，能讓人吃更多。

半顆高麗菜縱切成4份（月牙形），豬肉薄片100g或培根4片切成容易入口的大小。將上述材料放入厚鍋中，再倒入高湯1～2杯、加2片月桂葉，撒少許的鹽、胡椒，蓋上鍋蓋，以小火燉煮20～30分鐘。

想做得稍微複雜時，就在整顆高麗菜的葉片之間夾入薄肉片（也可改用培根或醃過的絞肉），再用料理用棉線綁牢，使之不會散開，以高湯燉煮。做法雖然簡單，卻是一道能招待客人的高級料理。

像這樣應用各種不同方法來做料理，漸漸地就會變得很有趣。

2 爆炒高麗菜

這是道談不上烹飪技巧，卻令人驚豔的美味高麗菜料理。

在中華炒鍋（平底鍋也可以）中將初榨橄欖油加熱後爆香高麗菜，再以伍斯特醬調味即可，非常簡單。高麗菜與英式黑醋味道的組合，有種令人懷念的滋味。高麗菜不論是用比較堅硬的外葉或較嫩的內葉均可，而胖胖的菜心部分則用菜刀平削後下鍋炒，只要爐火均一，就能炒得很漂亮。

重點是將中華炒鍋充分加熱後再倒入油，動作俐落地將每片高麗菜葉往鍋面邊壓邊炒。換句話說，就是運用高麗菜本身的水分很快地炒熟。

高麗菜葉若沒有很水嫩，會令人有「這是什麼」的疑惑，完全不好吃。當菜葉有點乾癟時，一定要先浸泡在冰水中，變脆嫩後再炒。

（1）削去新鮮高麗菜葉的菜心，切成半片的大小。將中華炒鍋加熱，倒入橄欖油。炒時會噴油，別忘了遮一下鍋邊。

（2）①的高麗菜葉一片一片放入，用鍋鏟將葉片在鍋面上壓一下，邊炒香，炒至兩面都帶點焦黃色。

（3）盛裝在器皿上，淋上個人喜好程度的黑醋後趁熱吃。

提起我家常用的黑醋，是使用鎌倉三留商店自製的「藥膳黑醋」。含有八角、丁香、薑黃

●爆炒高麗菜

【材料．2人份】

高麗菜葉　4片

初榨橄欖油　2大匙

英式黑醋　適量

＊圖→P.13

等具有去脂功能的成分，是餘味很棒的中濃度健康醋，因此我長年愛用。只不過，不管醋有多麼美味，若使用乾癟的高麗菜很容易炒焦，整道菜就會走味，要注意這點。

＊三留商店是販售日本國內外美味食材與調味料的商店。
http://www.mitome.jp/

3 荷蘭芹高麗菜沙拉

誠如料理的名稱，通常都會聽成「荷蘭芹沙拉」，以為是充滿洋香菜風味的沙拉。其實，這道沙拉和平常切成細絲的高麗菜沙拉有很大的不同。

雖然也很常做切細絲的高麗菜沙拉，但有時會試著不加入太多雜七雜八的材料，只加入滿滿的荷蘭芹。之所以這麼說，是因為有次將荷蘭芹葉片從莖部採摘下來切細之後，分量出乎意料地多。既然這樣就「管他的」，全部混入高麗菜中，沒想到高麗菜的淺綠配上荷蘭芹的翠綠，竟然互相輝映，異常美麗，口味也相當清爽。

而後一提到高麗菜沙拉，就常出現這道充滿荷蘭芹的高麗菜沙拉。

（1）高麗菜葉浸泡在冷水中，使之變清脆後，濾乾水分，削去菜心。所有葉片疊在一起後捲起，從邊緣開始切細，切出細長的高麗菜絲。
（2）摘除荷蘭芹的莖，將葉子聚在一起，從邊緣切碎，切成荷蘭芹末。
（3）①的高麗菜絲和②的荷蘭芹末（比例依個人喜好）放入碗裡，加初榨橄欖油、米醋或酒醋（檸檬汁也可）、鹽、胡椒調味後，盛裝在器皿裡。

我喜歡加入很多的荷蘭芹，到整盤沙拉有「變得如此翠綠」的程度。就算有荷蘭芹「會不會放太多了」的感覺也沒關係。

◎荷蘭芹高麗菜沙拉

【材料・4人份】

高麗菜葉 大型5片

荷蘭芹 4～5枝

初榨橄欖油 3大匙

米醋 1大匙多（酒醋1大匙，米醋則要多一些）

鹽、胡椒 各適量

＊圖→P. 14

新高麗菜

與外觀扁平的冬季高麗菜相比，初春到初夏之間上市的新高麗菜，外形較圓，葉片比較不捲。由於連內部都是漂亮的黃綠色且葉片鮮嫩，是適合生吃或燙一下就吃的美味素材。

順便提一下，高麗菜絲用新高麗菜或冬季高麗菜的內葉，會更加美味。

1 新高麗菜與味噌豬肉片

*圖→P.15

將高麗菜葉用手撕開、生吃的這道料理，一定要用新高麗菜。高麗菜原本就和豬肉很搭，因此，我在家經常將蒸過的豬肉片用高麗菜捲起來吃，若添加以味噌調製的醬汁，就更加美味。

先做蒸肉片吧！豬肉量太少就不好吃，要準備500g左右（1kg也OK）的肩里肌肉塊，整塊肉上撒少許的鹽巴，放入深器皿中，淋上3大匙左右的酒，放入已充滿蒸氣的蒸籠裡蒸煮。用竹籤穿刺一下，不出血水就是蒸熟了。

蒸好的豬肉切成容易入口的大小，排列在器皿中。將生鮮的新高麗菜葉撕下，裝滿肉片，依個人喜好，直接添加味噌醬汁即可。我個人喜歡在味噌裡加點芝麻油、蒜末、適量的豆瓣醬混成辣味味噌。如果沒有味噌醬，可改用柚子胡椒醬汁。重點是佐料的醬汁要有點刺激味。

不論是和風或是中華風料理，高麗菜與豬肉、味噌都是非常搭的食材。

2 酪梨醬涼拌新高麗菜

口感清脆鮮嫩的新高麗菜混合味道香濃的酪梨醬汁，就能做出一道令人不禁脫口說出「真好吃！」的絕品料理。

調味料中加入酪梨攪拌搗碎，就能做成酪梨醬汁。高麗菜葉撕成容易入口的大小放入醬汁裡，將酪梨像黏附在高麗菜上一樣拌勻。沒有高麗菜時，可用萵苣。

接下來介紹做法。調製法式調味料，以初榨橄欖油、檸檬汁、鹽、胡椒為基本材料，混勻後將熟透的酪梨粗切成塊加入。充分攪拌均勻，直到酪梨有點搗成泥狀時，加入高麗菜（或萵苣）葉拌勻。

當新高麗菜葉的裡外都均勻布滿醬汁時就很美味，整道菜的色澤也很漂亮，淡綠色上混雜著翠綠色，充滿著春天的氣息。這是一道令人感覺清爽的涼拌菜。

洋蔥

初春到初夏期間上市的新洋蔥，是趁葉子還青嫩時即採收，而外皮為褐色的一般洋蔥，則是葉子都枯萎後採收，而且會先吊掛晾乾後才上市。也因為這樣，洋蔥能在常溫且通風良好的地方存放很久。

有趣的是，洋蔥若生吃會有藥味般辛辣以及清脆的口感，一旦加熱完全變成另一種食物，充滿甜味和柔嫩的回甘滋味。不論哪種味道，我都很喜歡，因此兩種料理方式都會介紹。

以往，常聽說只要切洋蔥就會淚流滿面，讓人很困擾。我的因應之道就是用銳利的菜刀盡可能快速切完，或是放入冰箱中充分冷藏後再拿出來切，或是將洋蔥放入冷水中泡一下再切。

1 烤洋蔥

現在經常見到將整顆蔬菜燒烤的料理，但在15～16年前，我在好友家的酒會會員聚會上做出這道料理時，現場的人都很驚訝地提出：「這是什麼？」的疑問。

提到洋蔥料理，首先會想到的就是要剝去褐色的外皮，但這道料理卻不需要。洋蔥不用洗，也不用剝皮、不用切，就這樣整顆放入烤箱中烤。這是最美味的品嘗方法。

若整顆燒烤，洋蔥的外皮會將裡面的美味鎖住，不讓甜味跑掉。

（1）洋蔥連皮一起放入250℃的烤箱中烤25~30分鐘。就算表皮變黑也沒關係，直到竹籤可刺穿整顆洋蔥或是用手指按壓覺得很軟即完成。

（2）吃的時候只要剝去烤焦的外皮，加入美味的初榨橄欖油與海鹽、胡椒即可享用。依個人喜好，也可淋少許的義大利巴沙米克酒醋。

將整顆烤成金黃色的洋蔥，擺在餐盤上端上餐桌。用叉子叉一下，熱騰騰的熱氣溢出，軟嫩的泥狀洋蔥散發出更香濃的味道，若再搭配紅酒，就能品嘗到令人感動的美味。

這道料理原本就是義大利的家常菜。在我居住的翁布里亞省（Umbria），家家戶戶都有暖爐或爐灶，利用柴火燒烤肉類和蔬菜是他們的傳統調理法。在暖爐或爐灶裡生火，將木柴和木炭燒得通紅，再將洋蔥、紅蘿蔔、朝鮮薊、芋頭等蔬菜隨意放入其中，就能燒烤出「怎麼這麼好吃」、令人驚豔的燒烤料理。

由於日本不使用木柴，試著以烤箱烤蔬菜，也一樣能烤得很美味。之後，每當家裡有客人造訪時，我就經常烤蔬菜。這種料理輕鬆的地方，在於不需任何步驟，放進去烤就行了。就算沒有烤箱，只要有一只鍋蓋蓋得緊密的厚鍋，也能充分烤出美味。

○烤洋蔥

【材料・4人份】

洋蔥 4個

鹽、胡椒 各少許

初榨橄欖油 適量

義大利黑醋（依個人喜好）少許

2 醋漬紅洋蔥

我想有不少人會質疑：「醋漬洋蔥，真的是最好的料理嗎？」不過，在我的菜單中，尤其是紅洋蔥，醋漬方式絕對是我最喜愛且不會缺席的料理。

光是用醋醃漬，的確無法成為餐桌上的主菜，但醋漬紅洋蔥和肉類或魚料理都很搭，添加一點就能增加料理的味道和滿足感，也很適合搭配紅酒。做法很簡單，只要將紅洋蔥切開、撒上鹽巴，醃漬在醋裡，就能存放很久也是它的優點之一。

不用一般洋蔥而用紅洋蔥，是因為紅洋蔥較不辛辣，加上口感清脆的魅力，色澤也鮮豔。紅洋蔥用醋醃漬後，不但紅色更加鮮豔，連苦味和辛辣味都變溫和了。

(1) 紅洋蔥縱向切成一半，切口朝下，再分別切成1～2㎝寬的月牙形。

(2) 將切好的洋蔥放入碗裡，撒鹽後混勻。

(3) 倒入酒醋（或米醋）和水。酸味強的醋要加水使其味道變淡，溫和的醋就直接使用。

(4) 連同湯汁一起放入保存用的容器內醃漬一天以上，使之入味後，持續冷藏。

加入的醋會因為廠牌不同，酸味的強度不一樣，要依個人喜好調整分量。

雖然是泡菜風，但比甜醋醃漬的口味清爽，與各種料理都很相配。若將這醋漬料理混入沙拉中，不僅是味道，連色彩都變得很棒，與烤過的肉或魚一起吃也很美味，就算添加在咖哩或

● 醋漬紅洋蔥

【材料．容易製作的分量】

紅洋蔥　3個

鹽巴　1小匙多

酒醋　1½杯

水　½杯

燉菜旁也是很好的配菜，能活用的範圍非常廣泛。

除此之外，也介紹我經常端上餐桌的菜色。

沒有時間時，就在豬肉薄片上撒少許的鹽和胡椒後燒烤，肉片上放醃漬的紅洋蔥捲起來，光是這樣就非常好吃。

另外，我也喜歡將甜菜與紅洋蔥一起醋漬，盛在小碟子裡吃。甜菜放入壓力鍋中煮15分鐘左右，煮到用竹籤一下子就能刺穿的程度後去皮，切成2公分厚的扇形薄片，與搓了鹽巴的洋蔥混勻，放入以醋與減緩酸味的少量水、楓糖漿為基底，加入喜歡的香草與辛香料做成的醃漬汁中醃漬。只要醃漬1小時以上就可以食用，就算醃漬得更久也很美味。

將醃漬成紅寶石色的紅洋蔥與暗紅色的甜菜混合盛裝，深紅色會讓人驚豔不已。因此家裡有賓客時，我會將醃漬好的紅洋蔥和甜菜盛裝在大玻璃碗中，並將在烤箱中烤好的肉塊盛裝在大盤中端出來，再加上一大盤綠色的沙拉，這三道菜都很簡單，但是擺在一起，看起來就是令人食指大動的宴客料理。盛裝在大餐盤中的豪爽料理，不但色彩豐富、味道一級棒，也獲得客人們的好評。如此兼顧各種考量的菜色，就是宴客料理的醍醐味。

通常男性客人都很感興趣，我會稍微說明一下烤豬排的做法：「不但醃漬超級簡單，烤豬排也不用烤箱，只要放入鍋裡就能完成」。於是，不僅是喜歡做菜的男士，連平常不做菜的人也會實際試試看，還會向我回報說：「連我都能做耶！」從那以後，喜歡做菜的人也變多了。

將肉塊與醃漬的蔬菜一起吃的方法，應該是從我在倫敦遇到而迷上的中東料理研發出來

●醋漬紅洋蔥與甜菜

【材料．3～4人份】

紅洋蔥 1～2個

鹽巴 ⅔小匙

甜菜根 2個

醃漬汁

醋 ⅔～1杯

水 ¼杯

楓糖 2大匙

月桂葉 2～3片

丁香 5～6枝

胡椒粒 1小匙

巴西胡椒（若有的話）少許

香芹籽 ½小匙

＊圖→P.17

的。

中東料理有很多醋漬的蔬菜。大盤子裡裝滿巨大的辣椒、洋蔥、甜菜根般的蕪菁等泡菜，擺在眼前。

接著端出加上辛香料、烤好的肉類料理，這些都和醋漬的蔬菜非常搭。各道菜都是極簡單的料理，但在中東，具濃郁辛香味的肉類料理一定要搭配醃漬的蔬菜。將這兩種料理結合在一起，非常好吃。醋漬蔬菜和烤青背魚味道也很合。稍微烤過的肉或魚，其實不需要沾醬汁，和五花八門的醃漬蔬菜一起吃，不但味道更有層次，也能攝取到均衡的營養。

此外，中東醃漬風的蔬菜拼盤也會混入深紅色的蔬菜，令人印象深刻。就料理來說，色澤是極具魅力的要素，希望大家多加運用。

這裡介紹的紅洋蔥、甜菜，若浸漬在醋中，就能醃漬出深紅、漂亮迷人的色澤，若再添加能引出此色澤的純白酸奶油，不但顏色、味道均衡，也能增加食慾（圖↓P.17）。

若能不斷以這樣的想法來做菜，漸漸地就會變得很有趣。

熟透的番茄會令人想在夏天吃，而這種紅洋蔥醃漬出來的紅是很深的暗紅色，很不可思議地，夏天不會讓人想食用。然而，一到入秋時節，反而就會想吃了。這是一道令人深切感受到食物色澤與食慾有很深關聯的料理。

○烤豬排

【材料．容易製作的分量】
豬里肌或肩里肌（肉塊）
500g
鹽巴　少於1大匙
胡椒　少許
百里香、迷迭香各適量
初榨橄欖油　2～3大匙

＊在豬肉的表面搓上鹽、胡椒和香草，將橄欖油倒入厚鍋中加熱，整塊肉煎至焦黃色。緊密蓋上鍋蓋，轉小火，燜烤45～50分鐘。肉塊中心用竹籤穿刺後不出血水即可。蓋著鍋蓋放涼（用餘熱燜燒），稍微靜置後切片。

3 炸洋蔥

蔬菜用炸的，不論怎樣都很美味，尤其是洋蔥，會有明顯的味道變化。炸好的洋蔥，從酥脆的外皮底下散發著甜味，生洋蔥的苦味和辛辣味全部消失，只剩下甘甜。讓人讚嘆，為什麼會變得如此甜呢，其實這就是洋蔥原本的甜味。

調理的重點在於不要將洋蔥切得太細。不論是切成圓圈狀或月牙形都要切得稍微大一點，若是切圓片，厚度要1㎝以上。就算切得很大也容易熟透，吃起來很有滿足感。

（1）洋蔥去皮，切成圓圈，大片一點的厚1㎝、小片一點的厚1.5㎝。

（2）在切好的洋蔥上撒麵粉、裹一層蛋汁後加麵包粉。若麵包粉用食物調理機打細後使用，會更可口。

（3）油加熱到170℃左右的中溫，放入裹好麵衣的洋蔥，一邊上下翻面，一邊將麵包粉炸到剛剛好的焦黃色。

不只是洋蔥，去皮的茄子炸過也很美味，會出現意想不到的滋味，炸蕪菁也是。這類圓滾滾的蔬菜，若覺得整個下鍋太大，可對切一半後再炸。

洋蔥、茄子這些表面光滑的蔬菜，很難裹上麵衣。這時，最重要的就是先好好裹一層蛋汁，此外，也有裹兩次麵衣的做法。先依一般麵粉、蛋汁、麵包粉的順序裹上麵衣，接著再裹一層蛋汁和麵包粉。對在意卡路里的人，並不推薦這種裹兩次麵衣的方式。

● 炸洋蔥

【材料・4人份】

洋蔥 大型2個

麵粉、蛋汁、麵包粉 各適量

炸油 適量

鹽巴 少許

依個人喜好，也可在炸好的洋蔥上淋英式黑醋，或只要撒點鹽巴就很好吃了，我自己多半是佐鹽吃。

和我一起共事的伙伴經常對我說「妳很喜歡油炸料理」。我當然不討厭油炸料理，而且喜歡做。正因為如此，我不會吃太多。不過，我所做的油炸料理，都相當受到喜歡油炸料理的人的歡迎。

誠如我常說的：「不是我很會炸東西，而是油好吃。」使用優質的油，油炸料理就會很美味。炸油，我都是用優質的初榨橄欖油。含大量多酚的優質初榨橄欖油不容易變質，料理可以炸得很酥脆，就算變冷也不會走味。這就足以證明「好吃的油炸料理來自好吃的油」的說法。

【美味祕訣】能吃到豐富蔬菜的洋蔥醬

「洋蔥醬」是我家裡常備的，只要有這種醬汁，不論哪個季節都能品嘗到豐富又美味的蔬菜。嘗過的人都會說：「這麼便利的東西，一定要學會怎麼做！」在此做點介紹。

小型洋蔥1個、中型的就用½個，粗切成塊狀，連同調味料一起放入筒形玻璃瓶中，以手持式攪拌器（攪拌棒等）攪打到整個變白色的泥狀就完成了。很簡單吧！

調味料的分量是米醋⅔杯、初榨橄欖油⅔杯、大蒜（依個人喜好）1～2片、鹽巴1½小匙以及黑粒胡椒1小匙。

攪拌後再蓋上蓋子冷藏保存即可，也不用花時間洗鍋子。一下子就能完成，且用途很廣，又好吃。我想這就是它長年不衰的道理。

只要靜置一天，洋蔥就會變溫潤、美味，將自己喜歡的兩、三種蔬菜拼盤，淋上洋蔥醬就會很好吃，或加點烤肉、炸好的魚，即變成一道能充分攝取蔬菜的主菜。我家最受歡迎的洋蔥醬吃法，就是將它加在漢堡、煎魚或美式肉餅裡。

醬汁的鹹味若調得比較淡，加少許的醬油也很適合。只要有這種醬汁，想吃蔬菜時，只要將家裡現有的蔬菜切一切，立刻就能上菜，非常方便。前面提過洋蔥醬與蔬菜、肉和魚都很搭，而且和汆燙的蝦、墨魚等海鮮配在一起也不錯，是非常實用又美味的調味醬汁。

新洋蔥

從初春到五月左右上市的新洋蔥，外形扁平、辛辣味也比較不刺激。一般的洋蔥是收成後晾乾再出貨，新洋蔥則只是稍微晾乾、趁葉子還青嫩時就銷售。因此，吃起來很水嫩，能嘗到自然的甘甜與微微的香氣，但也因此含很多水分、比黃洋蔥容易腐壞，請盡早食用完畢。

雖說新洋蔥特有的刺激味比黃洋蔥稍淡，有時也會出現「雖然是新洋蔥但還是有點辛辣」的情況。有人會說，將切好的新洋蔥浸泡在水裡，不就能去除刺激味嗎？

但新洋蔥若這樣處理，洋蔥的薄膜會變黏糊，就算瀝乾水分也不好吃。較好的方法是將整個洋蔥剝皮對半切開，沖水10分鐘左右，將水分好好擦乾再切片。如此一來，不但不會變黏，也能輕鬆切片。只要花點心思，考慮周全，就能找出自我特色的做法，是件很愉快的事。

① 海帶芽洋蔥

由於新洋蔥非常水嫩又新鮮，生吃最恰當。接下來就來介紹非常基本的家常菜。

首先，介紹大家熟悉的和風家常菜「海帶芽洋蔥」。新洋蔥盛產的季節，也會開始有既嫩又新鮮的海帶芽出現，自然界真的是很奇妙。

水嫩又甘甜的新洋蔥與具咬勁、充滿大海香氣的海帶芽，兩者在當令季節的交會，可說是一種只限此時可品嘗到的期間限定的滋味。

新洋蔥對半切開，用冷水沖洗後擦乾水分，切成極薄的薄片。生鮮海帶芽（快速燙過或是用水煮過、搭配生魚片用的）切成容易入口的大小。先將新鮮海帶芽盛裝在器皿裡，再鋪上一層厚厚的洋蔥薄片。快速淋一圈醋與醬油調和的醬汁（醋與醬油的比例為2比3），再撒一大把柴魚片。

將醬油的分量減少一些，改用芝麻油替代，加點豆瓣醬與少許的薑末做成中華風醬汁，也可享受變化味道的樂趣。

2 義式洋蔥煎魚排

這是一道義大利的家常菜。「義式洋蔥煎魚排」就是將水嫩的洋蔥切碎後，滿滿地鋪在用橄欖油煎熟的魚排上直到完全看不到魚，再搭配初榨橄欖油、檸檬和鹽巴。

魚排大部分都用馬林魚（一般的鮪魚也可以），鯖魚或白帶魚也很好吃。或者，也可改用竹筴魚或沙丁魚等青背魚。

西西里島的基本料理就是將鮪魚快速煎熟即可，但最近完全改成具自我特色的吃法。當上面鋪滿很多洋蔥時，有時會被笑說：「完全看不到有魚耶。」之所以會這樣做，就是因為這個時節的新洋蔥既水嫩又美味的緣故。

3 新洋蔥湯

＊圖→P.16

這道料理也可用一般的洋蔥來做，但清脆的新洋蔥更適合。1人份就用1個洋蔥。

先將新洋蔥去皮，整個放入鍋裡，接著加入剛好蓋滿的高湯後，用小火慢慢燉煮，將洋蔥煮到可用湯匙壓碎的程度時，只加鹽和胡椒調味。這是要花時間，但處理起來不麻煩的料理。最後一道手續，是將荷蘭芹或芹菜葉切碎撒入，顏色變豐富的同時，香味也更加提升。

煮得熟爛的洋蔥獨特的自然甘甜，簡直就是季節限定的味道。沒想到洋蔥簡單燉煮，味道就能如此甜美。

在此使用的高湯，建議用雞肉煮成的清湯。在我家通常是使用雞翅煮成，真正簡單的雞湯。不但容易燉煮，也是充滿雞肉味的美味高湯。

方法很簡單。由於要一起蒸煮雞肉，可在加了水的鍋裡放入自己喜歡、具香味的蔬菜。若要調製西式料理湯汁，就要放入芹菜、洋蔥、紅蘿蔔、荷蘭芹、大蒜等具香味的蔬菜。若加入小番茄，就會變成帶酸味的美味。若要調製中式或民族風料理的湯，就放蔥和生薑。當用來蒸煮的水準備好時，就在蒸鍋裡放入搓了鹽巴的雞翅，用蒸的方式料理。

雞肉若用煮的，一定會滲入水分，湯汁也不會那麼濃郁。但是，如果用蒸的，不但肉裡不會有太多水分，滴落的湯汁，也會變成味道濃郁的雞湯，而且湯汁會煮得很漂亮、清澈。發現這個方法以後，一提到雞湯，我就會使用蒸雞翅。用整隻雞或帶骨雞肉也同樣能蒸煮出美味的湯汁。

用這個方法蒸出來的雞肉也很美味，簡直就是一石二鳥。

貳

想好好用完一整個蔬菜

蘿蔔、白菜、南瓜經常切成一半或四分之一販售，若想在盛產期充分品嘗這些蔬菜的美味，建議一定要買一整個。

沒切開的蔬菜不會接觸空氣，能保持新鮮和美味，而且比較便宜。在花工夫大膽使用一整個蔬菜、不浪費地用盡剩餘部分的過程，料理的技巧一定會有所進展。

蘿蔔的味道會依部位而不同，白菜只用菜心就可做出美味料理，這些新發現，讓利用整個蔬菜的料理變得更有趣。

蘿蔔

現在在超市已經很難找到帶葉的蘿蔔，其實蘿蔔葉的美味不輸根莖。若能買到帶葉的蘿蔔，一定要好好烹調。稍微曬乾後拿來炒，或是用米糠拌鹽醃漬，都很好吃。

帶葉的蘿蔔要盡早切除葉子。若不這麼做，葉子會吸取根莖的水分，使之蒸發，水嫩的蘿蔔就會漸漸變乾癟。使用蘿蔔葉的料理會在P. 63介紹。

切掉葉子的蘿蔔，頭、中央和接近根部尖端部分的味道會有些微的不同。若將各部位用於適當的料理，就能好好用完一整個蘿蔔，而且好吃到吃不膩。

蘿蔔的頭部味甜，越下面辛辣味越強。

此外，綠色的蘿蔔頭更水嫩甘甜，常做成沙拉或磨成蘿蔔泥生吃。中央部分軟嫩、肉肥厚、色澤也一致，適合做成關東煮、紅燒蘿蔔等燉煮料理。接近根部的尖端部分，辛辣味強且帶點纖維，通常是切碎後煮成味噌湯，或是加醬油和糖用炒的，或是做成醃漬料理。希望蘿蔔泥的辛辣味重時，可用接近根部的部分來製作。

不過，有時也會有蘿蔔頭的皮厚、帶纖維，而接近根部的尖端反而水嫩的情況。

1 蘿蔔蘋果沙拉

蘿蔔與蘋果都是秋天到冬天常見的美味食材，不過這道料理是偶然產生的。以前，曾出席日本東北的料理研習會。某位與會者搬來一箱裝滿蘋果的箱子說：「這是剛剛採收的蘋果，請大家吃！」沒多久，換另外一位拿來一堆的蘿蔔說：「這是今天早上剛拔的，很新鮮，請大家不要客氣。」

意料之外的大量贈禮，連工作人員都一臉驚訝地互看。不管怎樣，蘿蔔要趁新鮮醃漬，因此全部切成稍大一點的塊狀，撒上鹽巴靜置。隔天早上，有人靈機一動說：「對了，要不要試著和蘋果混在一起吃吃看！」於是也將現有的檸檬擠成汁加入。試吃的結果，竟然是難以形容的美味，口感也非常好。鹹味適當的蘿蔔與微酸甘甜的蘋果混合，互相襯托出難以言喻的滋味。

（1）蘿蔔去皮切成2～3㎝塊狀，加鹽靜置30分鐘以上出水後，充分擰乾。

（2）蘋果洗淨，連皮一起切成2～3㎝塊狀放入碗裡，加入大量檸檬汁，與①混勻。

在這種狀態下，起初很困惑，覺得「嗯，這該怎麼辦才好呢？」總之在切成容易入口大小的期間不斷思考，試著「混合在一起看看」的結果，蘿蔔、蘋果、檸檬反而變成我們家做沙拉時的基本食材。

●蘿蔔蘋果沙拉

【材料．4人份】

蘿蔔　8～10㎝（約300g）

蘋果　大型1個（約300g）

鹽巴　1～1½小匙（蘿蔔重量的2％）

檸檬汁　1顆分量（對半切開的檸檬切口朝上，擠壓切口與皮榨成的汁，香味會更棒。）

2 絞肉燉蘿蔔

煮蘿蔔時，要花很多時間進行去皮、汆燙、熬煮高湯等事前的準備工作。若想煮出有層次的味道，就無法要求快速。

不過，還是有將蘿蔔立即煮出美味的方法，那就是先將蘿蔔炒過後再燉煮。蘿蔔煮到熟透要花相當久的時間，若用油炒過後再煮，很快就會變軟。加上連皮一起煮，不容易煮碎，連汆燙、熬煮高湯等事前的準備都可以免了。

用帶骨雞腿肉或雞翅膀，將從骨頭熬出來的高湯煮進蘿蔔裡，味道就會變得很奧妙。另外，也有很容易入手的方法，那就是將絞肉充分炒過再拿來熬煮蘿蔔，能使蘿蔔充滿肉汁的美味。兩種方法都能熬煮出非常下飯、美味的蘿蔔，時間緊迫時建議用絞肉。

蘿蔔適合用來熬煮的是中間的部位，將蘿蔔不規則地切成容易煮透的大塊，而不是切成圓片，即使連皮一起也能很快煮軟。

（1）蘿蔔連皮一起切成大塊。薑一半切碎末、一半切細絲。

（2）鍋裡放入芝麻油和薑末後快炒，加入雞絞肉炒至分散，再加入①的蘿蔔，炒到表面略帶焦黃。

（3）②的鍋裡加入調味料A，倒入水直到蓋滿食材後用大火煮開，除去浮沫後轉中火，蓋上落蓋★，不時掀開來上下翻攪，直到湯汁變少。

● 絞肉燉蘿蔔

【材料・4人份】

蘿蔔 ½條（約500g）

蘿蔔葉（裝飾用） 適量

雞絞肉 150g

生薑 1片

芝麻油 2大匙

A 酒、味醂或楓糖漿 各2大匙

醬油 2½大匙

水 適量

＊圖→P.18

★落蓋：日本人做煮物時，會在食材上放一片小蓋子，加速食材入味。

（4）盛裝在器皿上，撒上快速燙過的蘿蔔葉，再用薑絲裝飾。

蘿蔔連皮一起熬煮，不但不容易煮碎，吃起來也較有扎實感。炒絞肉時，加生薑可去除肉的腥味，但會有點辛辣，放入稍鹹又帶點甜味的蘿蔔就能中和薑的刺激感。

熬煮的菜，稍微放一下再吃，會比火一關掉馬上吃美味。這是因為放涼時，食材會更入味。因此，這道菜要比其他料理先做，吃之前再加熱一下就可端上桌享用。

3 蘿蔔油豆腐味噌湯

蘿蔔切絲會因切法的不同而呈現令人驚奇的口感。

沿著纖維切絲，口感會很清脆，很適合做成蘿蔔絲沙拉。先將蘿蔔切成5cm左右的長度，再縱向切成薄片，幾片錯開疊放在一起，沿著纖維、從邊緣切起，就能切出細絲。

將蘿蔔絲當作味噌湯的湯料時，我偏好軟嫩的口感，因此就算是同一條蘿蔔，我會用將纖維切斷的方式切絲。先將蘿蔔切成圓片，再疊放在一起，從邊緣切起。

一般用在味噌湯裡的蘿蔔絲，切成的粗細被稱為千六本（火柴棍棒狀）★。若想享受蘿蔔絲很快在嘴裡融化的口感，就會切得更細。

味噌湯有時只加蘿蔔，但這裡介紹的「蘿蔔油豆腐味噌湯」是我家最常出現的味噌湯。這

★千六本：沿著纖維將蘿蔔切絲的方法。senrroqponn 是從「纖蘿蔔」（senrohu）的發音變化而來。

道湯的味道非常融合，常讓我覺得「能生在日本真好」。好不容易熬煮得軟嫩的蘿蔔湯裡，不時滾現肥厚碩大的油豆腐，會給人違和感，因此為了讓蘿蔔和油豆腐的口感好好融合在一起，我會多花一道切的工夫。

（**1**）蘿蔔去皮切成圓片，幾片疊在一起，從邊緣開始切成細絲。

（**2**）油豆腐用熱水燙去油漬後剖成兩半，配合蘿蔔切得一樣細。

（**3**）鍋裡放入高湯、蘿蔔、油豆腐後開大火，煮出浮沫時轉較小的中火，撈出浮沫。這道工夫也是煮出鮮美味道的訣竅。

（**4**）蘿蔔煮軟時，以少許③的湯汁將味噌融勻後，混入全部的湯汁中拌勻。

（**5**）湯汁稍微煮開、散發出更香的味道時，將火關掉。

如上所述，將油豆腐對半剖成兩片再切細絲，是我個人的做法。雖然有點麻煩，但這麼做能使油豆腐和蘿蔔充分混勻，煮出令人讚賞的美味。

我也喜歡用小魚乾熬煮味噌湯的高湯。1杯水放入6～8尾的小魚乾，就能煮出具風味且非常好喝的高湯。前一晚將小魚乾鰓內的黑色內臟和鰓下黑色部分剔除，放入相當分量的水靜置一晚（10小時以上）。將食材過濾後，就能取得美味的「浸泡式高湯」，做法非常簡單。雖然要花時間，但小魚乾用浸泡的，不像用煮的會煮出浮沫，味道非常好，我經常使用這種「浸泡式高湯」。

味噌可用自己喜歡的品牌，若調得太濃，會有損食材原有的味道，因此我會邊嘗味道邊調

●蘿蔔油豆腐味噌湯

【材料．4人份】

蘿蔔　15㎝左右（約⅓條）

油豆腐　1片

小魚乾高湯　4杯

味噌　3～4大匙

＊味噌的量依不同種類的味噌做調整。

＊不使用清湯就用小魚乾高湯。鍋裡放入相當分量的水和除去腹裡內臟的小魚乾，稍微靜置一會兒後以稍小的中火燉煮，煮開後邊撈除浮沫邊煮4～5分鐘，將小魚乾取出後就是小魚乾高湯。

出比較淡的味噌高湯。我認為，這樣才能凸顯花費工夫處理的食材。

［美味祕訣］連蘿蔔葉和皮都不浪費的用法

帶葉的蘿蔔，通常是將葉子摘除後保存，記得摘下來的葉子不要丟掉。蘿蔔葉和削掉的皮都很美味，千萬不要丟棄。此外，聽說大部分蔬菜的葉子和皮下方的部分營養會比果肉還多。

將切下來帶點蘿蔔的蘿蔔葉分成2束，掛在掛鉤上曬一天左右的太陽，使其變成半乾狀態，不但澀味會減少，葉子粗糙的部分也會變柔軟，很適合用在各種料理中。

將半乾的蘿蔔葉切碎，在煮湯或燉煮的最後階段加入，也能使料裡的色彩變漂亮。切碎的蘿蔔葉乾炒後放入芝麻，以調味料調味做成拌菜，或是不切碎就這樣醃漬成小菜也很好吃。

不曬乾直接使用生蘿蔔葉時，可切碎以鹽巴搓揉，快速擰乾水分。我喜歡將這些蘿蔔葉混入剛煮好的白飯，做成菜飯鹹度剛剛好，白飯吃起來更香。

曬乾的蘿蔔葉用來炒菜也很美味，切碎的葉子以芝麻油炒過後就可以使用，但若是用未曬乾的蘿蔔葉，葉子切碎後一定要用鹽巴搓揉再炒。我喜歡用鹽巴搓揉出水分、擰乾後再炒。

好好運用蘿蔔的皮，也能做出美味的料理。為了好吃，去皮磨蘿蔔泥時，可以大膽削去厚厚的一層皮。蘿蔔皮下有纖維，厚厚削掉一層皮就能連纖維一起去除，就能做出非常細嫩的蘿蔔泥。而蘿蔔的厚皮就做成「金平」★、「醋拌菜」等，由於蘿蔔皮非常韌，咬起來口感清

★金平是日式烹調的一種方法，以醬油、味醂、料理酒和糖等，煮根莖類蔬菜。名稱源自江戶時代叫做坂田金平的人。

脆，吃起來很過癮。

以下是金平蘿蔔的做法。將蘿蔔或紅蘿蔔的皮曬乾後，切成容易食用的長度，鍋裡熱好芝麻油後炒香，加入酒、味醂、醬油調味，炒到湯汁收乾即完成。調味可依各個家庭的喜好，我們家是調成不大甜的醬油味。

醋拌菜也是將蘿蔔或紅蘿蔔的皮都削得薄薄的、細細長長的，稍微曬乾後做成的。先將皮切成細絲，以芝麻油炒香，用醋、味醂、醬油調成略帶酸甜味，最後撒上半磨的黃金芝麻粉即完成。當然除了當家常菜外，也可當便當菜或下酒菜，可說是一道用途很廣的料理。

白菜

從晚秋到冬季的寒冷季節，白菜會變得特別好吃。這個時節，將整顆白菜用報紙包起來，豎著放在陰涼的地方，能保存將近三個星期至一個月。其間，可一片一片地摘下葉子來用。若是切下來使用，就要注意切口會有損傷。一般切下來的白菜是用保鮮膜密封後冷藏保存，還是盡早用完比較好。

沒適當陰涼場所的時候，很難好好保存白菜，建議趁新鮮時加鹽巴搓揉。將用剩的白菜切一切，撒鹽（白菜重量的2%～3%）混勻，放在冰箱一晚，隔天會滲出水分，再用雙手將水分擰乾。不但能立刻拿來吃，體積也大幅縮水，存放較不占地方。以柴魚醬油調味就是美味的淺漬風味，可當作麵食的配菜。也可用糖醋（比例為醋2糖1）醃漬或是用炒的，炒過後加入油豆腐或豬肉就變成一道主菜。恰當的鹹度有助於促進食慾。

白菜的外葉和內葉的嫩度不一樣，可做成不同的料理。堅韌的外葉經常做成燉煮料理、鍋物或是炒菜、蒸的料理，黃色內葉則適合做成生鮮沙拉或是涼拌菜。

此外，每片白菜葉也分成淡綠色的葉片和厚實的白色菜心，加熱的熟度會不一樣，沒辦法長時間蒸或煮的時候，就要花點工夫。若是用炒的或稍微紅燒一下，菜心先切成V字形，接著將菜刀平放削切成片狀，綠葉部分則切成菜心的幾倍大。加熱時，先放入菜心，接著有時間差地放入綠葉的部分，熟度才會相同。

新鮮的白菜內葉做成沙拉會很好吃，我自己則喜歡像「白菜豬肉沙拉」（P.68）這道只用菜心做成的沙拉。

1 白菜豬肉鍋

最近，白菜鍋出現各種做法，而這道「白菜豬肉鍋」則是三、四十年前左右在親戚家學到的，做過好幾次之後研發出我家的獨特做法。

將白菜與豬肉交疊好幾層、放入一整顆白菜的鍋菜，是圍爐時最適合的料理。當然若是2～3人，就將分量減半，不管多少人吃，都是把白菜、豬五花肉、生薑煮到軟嫩，吃完後回想起來，會發現吃下很多白菜，多到自己都覺得驚訝。

事先將白菜蒸過是我的獨門工夫。而且我一定會將蒸出來的湯汁，放入煮豬肉和生薑的鍋裡。白菜煮軟後分量會減少，所以鍋裡能放進一整顆白菜。

（1）白菜縱切成4塊，緊密地橫放排列在鍋裡，倒入1杯的水。蓋上鍋蓋，以稍小的中火燜煮15分鐘左右，餘熱消除後，切成6～7㎝長度。煮出的湯汁放在一旁備用。

（2）五花肉切成2～3等分。

（3）先將①的¼分量的白菜整齊排列在土鍋底，再鋪上豬肉和⅓分量的薑，輕輕撒上鹽和胡椒。重複上述的順序二次，最後再放上白菜。

（4）倒入①的湯汁和酒，將水加到剛好蓋滿食材後開大火。

（5）煮滾時轉稍小的中火，撈去浮沫後再煮40～50分鐘，撒黑胡椒即可。

這是我家冬天的基本料理，天氣一變冷就會煮這道火鍋。

●白菜豬肉鍋

【材料．1整顆】

白菜 1整顆

豬五花肉薄片 300～400g

薑（切碎） 3片分量

鹽、黑胡椒、水 各適量

酒 2大匙

買一整顆的白菜，要用菜刀分切很麻煩，先在白菜根部深劃出切口（若要分成四份就劃十字），雙手從切口朝葉片的方向撕開，就能撕成兩半。會比用菜刀切開整顆白菜更輕鬆，也不會出現碎渣。

撕開的白菜沒辦法全部用完時，可直接分成四份做成白菜乾（切小塊曬乾），能將蔬菜的味道濃縮，增加美味。切口朝上排列在竹簍裡，在向陽處曬4～5小時，曬得有點半乾，再拿來煮、炒或是用鹽醃漬。曬過之後白菜的分量也會減少，不論多少都能用完。

2 清爽醋拌白菜

這是想吃另一道爽口的料理時，眾所周知的特別做法。因為不用花太多工夫，不論何時都能簡單做出來。

首先，將白菜切大塊後放入鍋裡，倒入少許的水蒸煮，煮好時淋醋即完成。因此，儘管取了「清爽醋拌白菜」有點奇怪的菜名，但也不得不這樣稱呼。

（1）白菜縱切成¼，切口朝上放入鍋裡。加入等量的水，蓋上鍋蓋，以稍小的中火蒸15分鐘左右。

（2）用竹籤穿刺菜心，當能輕鬆刺穿時就淋醋、關火。

●清爽醋拌白菜
【材料．4人份】
白菜 ½顆
水 ½杯
醋 ¼杯
醬油、磨好的芥末 各適量
＊圖→P.19

（3）輕輕擰乾白菜水分，切成長5～6㎝小段。

（4）盛裝在器皿裡，加芥末和醬油即可食用。

完成時加芥末和醬油一起吃，更能品嚐到高雅的清爽風味。大概是因為這個原因，白菜是出乎意料地能吃得很多的料理。舉例來說，吃餃子的日子配這道小菜就很棒，當餃子的佐醬也很好吃！帶點辛辣刺激味的佐醬，會更凸顯白菜的甘甜鮮嫩。

3 白菜豬肉沙拉

雖然冠上沙拉的名稱，這可是一道可當主菜端上餐桌的料理，而且只用白菜的菜心。正因為這道料理只用白菜的白色部分，特別美味。菜心既甘甜又清脆爽口，和醬油味的豬肉真是絕配。

沿著菜心的纖維切細絲，浸泡在冷水中，使之充分變清脆。這種咬起來喀嗞喀嗞響的感覺很痛快，也會發覺菜心竟然如此甘甜。

（1）菜心縱切成5㎝長的細絲，浸泡在冷水中，使之變脆後，瀝除水分。

（2）深型油炸鍋裡放入豬肉塊，將常溫油倒入至浸滿肉的一半以上。開中火，緊密地蓋上鍋蓋，炸20～25分鐘左右，直到肉的表面變酥脆。中途要上下翻面一次。為了不讓鍋蓋內的水滴入油裡，記得水平移開鍋蓋。

（3）將②炸好的豬肉瀝乾油分後取出放入碗裡，加醬油和黑胡椒，不停地上下翻動，直到整碗豬肉充分入味。

（4）③的肉塊切薄片，與①的白菜交疊盛裝在器皿裡，淋上③剩下的醬汁。

從常溫的冷油炸豬肉塊要花一些時間，才能將豬肉表皮炸得酥脆而裡面依舊飽含肉汁，我常興奮地對著炸鍋想像豬肉炸好時的模樣。

做菜時，頭腦要懂得變通，依當時的狀況臨機應變，才能樂在其中，有新的發現。

將沒加任何調味的白菜與醬油味的豬肉拌在一起吃，是我做這道料理的得意之處。而淋在炸豬肉上的醬油和黑胡椒，與肉汁和在一起就變成了醬汁。

◎白菜豬肉沙拉

【材料・4人份】

白菜菜心 6〜7片

豬肉塊（肩里肌或肋排肉）300g

醬油 4大匙

粗粒黑胡椒 適量

炸油 適量

南瓜

世界各地都有栽種南瓜，依土壤不同，會有各種形狀和顏色的品種。在日本雖然統稱為南瓜，但還是以日本南瓜和西洋南瓜為主。

日本南瓜的特徵是表皮凹凸不平且具有深溝，可分為黑皮南瓜、菊座、京都特產的鹿之谷南瓜等品種。以瓜肉水分多、綿密、顏色與甜味都淡的為上品。日本南瓜是各種高雅格調的日本料理店不可缺少的食材。

西洋南瓜一般稱為栗子南瓜，以黑皮栗子南瓜（也稱「惠比壽南瓜」）為主，還有紅皮、青皮、白皮等栗子南瓜，色彩相當豐富。栗子南瓜以像栗子般肉質鬆軟、味道甘甜的最受歡迎，占現今家庭料理用量的大半。

若將一整個南瓜放在陰涼處保存，不但可存放很久，水分揮發後甜度和營養也會增加。不過，一旦切開來，種子和漿質果肉會立即受損，一定要將這個部分清乾淨，再以保鮮膜緊密包裹起來冷藏保存。

從前，有將夏天到初秋收成的南瓜存放到冬天，在冬至時食用以預防感冒的習慣。一直以來皆認南瓜是蔬菜中的佼佼者，營養價值很高。

不過，要將一整個南瓜剖開可是相當費勁的事。其中的一個方法就是將南瓜放入微波爐中加熱4至5分鐘，稍微變軟後再切，但我還是比較偏好在生鮮的狀態剖開。先將砧板安穩地放在低矮檯子或地板上，用刀刃長且銳利的菜刀緊挨著砧板上的南瓜，借助自己的體重往下切。切之前，先用刀刃從南瓜的中央往兩側輕輕劃一圈，只要劃出切口就比較容易切開。

1 烤南瓜

南瓜和地瓜都常用於大量使用奶油、起司和鮮奶油的甜點中。的確，南瓜和乳製品非常相配。

在挖空的南瓜中裝入生鮮奶油和起司，整個拿到烤箱裡烤的這道料理，完成後充滿香濃的滋味，也很適合當作宴客料理。

（1）從蒂頭切開，以湯匙挖掉種子和漿質果肉。挖空處裝滿鮮奶油、奶油、起司、鹽巴、胡椒、肉豆蔻。

（2）將①擺在耐熱烤盤上，同樣挖掉種子和漿質果肉的瓜蓋則豎立在一旁，放入200℃的烤箱中烤40～50分鐘（視南瓜的大小調整），將南瓜表面烤到恰到好處的程度。

（3）用湯匙舀出烤好的南瓜內餡，加起司後食用。

由於奶油和起司都含有不少的鹽分，一開始要控制好鹽和胡椒的分量，吃的時候再各自撒上即可。

這道料理很適合使用肉質蓬鬆、甘甜的西洋南瓜製作。

平常我不太吃油膩的東西，但有時會想吃這樣的料理。老是在意卡路里會形成壓力，況且想吃美食的心情非常強烈。所以就做了這道料理。

●烤南瓜

【材料・1個分量】

南瓜 中型1個

鮮奶油 200cc

可融化的起司 100～130g

鹽巴、胡椒、肉豆蔻、奶油 各適量

＊起司一般是用帕瑪森起司（磨碎的）之類可融化的。也可依個人喜好或改用格呂耶爾起司、艾曼托起司。

＊圖→P.20

若吃到高卡路里、油分多的食物時，我會在早中晚三餐內，長的話則約三天的期間進行飲食調整，使身體恢復平時的狀況。

2 蒜味炸南瓜

一般男性對南瓜料理都敬而遠之。不過，「蒜味炸南瓜」不但很適合搭配啤酒，連一向覺得「甜食有點○○」的人，接受度也很高。

這是在剛炸好的南瓜上撒上炒過的大蒜的料理，香味與將南瓜和大蒜一起炒完全不一樣，會令人想大快朵頤。

這道料理是將南瓜切成月牙形，由於皮堅硬、難切的南瓜會更好吃，先來說說切南瓜的訣竅。一般很難將堅硬的南瓜切成期望厚度的月牙形。想切出漂亮的月牙形，要先將刀尖淺淺刺入南瓜預定切開處固定，再將刺著刀子的南瓜拿起來用力往砧板上敲，使刀刃自然地往下切。就能不費勁、輕鬆地切好。刀子要使用大一點的，用刀刃筆直且具厚度的切菜菜刀或中華菜刀會比較容易切。

「蒜味炸南瓜」，若是用皮容易切開、肉質鬆軟的南瓜會不好吃。由於不切切看不會知道，也可說是一道困難重重，但美味可期的料理。

● 蒜味炸南瓜
【材料・4人份】
南瓜 ¼個
（400～500g）
大蒜 2瓣
炒油 ½～1大匙
炸油 適量
鹽、胡椒 各少許

（1）南瓜去籽和漿質果肉，切成厚0.5㎝的月牙形。大蒜切碎末。
（2）趁炸油稍低溫（150℃）時放入①的南瓜，經常地翻動，將南瓜慢慢油炸到竹籤能完全刺穿為止，當南瓜表面出現焦黃色時將油瀝乾。
（3）平底鍋裡放入油和①的蒜末，以小火炒至焦黃色。
（4）在②的南瓜上撒鹽和胡椒，再撒上③的大蒜，盛裝在器皿上。

沒時間炒大蒜時，可將大蒜切片和南瓜一樣用油炸香後使用。想變化風味時就加辣椒，或是油炸的沙丁魚、櫻花蝦。或許有人會很意外可以在南瓜上撒這些配料，但真的好吃，請視狀況，享受臨機應變的做菜樂趣吧！

3 蜜漬南瓜

我非常喜歡用糖煮得甜甜的南瓜。一到南瓜的盛產期，一定會做蜜漬南瓜。這道料理也是要用皮堅硬、越難切的南瓜越好吃，因此一發現蜜漬起來好像會很美味的南瓜，就會多做一些。

南瓜一般是採收後先放在儲藏庫裡催熟才出貨。若有機會碰到在田裡完全成熟後才採收的南瓜時，大家一定要試試看。因為這種南瓜充分吸收了陽光，非常甘甜且營養豐富、味道特別濃郁。

熬煮南瓜時，我總是使用從母親時代就愛用的厚鋁製無水鍋。用這種鍋子可以不用加水，大概燜煮10分鐘左右，南瓜就能煮得鬆軟。若用一般鍋子煮，為避免食材燒焦，要加少許水（3大匙程度），即可將南瓜煮得粉嫩而鍋底呈焦糖狀，整鍋煮得熱呼呼的很美味。

●蜜漬南瓜

【材料・4人份】

南瓜　1/4個（400〜500g）

砂糖　3〜4大匙

鹽巴　1/3小匙

（1）南瓜去籽和漿質果肉、不規則地切成大塊後放入厚鍋裡，撒入砂糖與鹽巴，搓揉似的將全部混勻，靜置20〜30分鐘直到表面出水。

（2）①裡加入2〜3匙的水（材料分量外）後加熱。煮開時，緊密蓋上鍋蓋後轉小火再燜煮10分鐘左右。

（3）當南瓜能用竹籤刺穿時，拿掉鍋蓋再煮2〜3分鐘，最後將鍋子搖晃一下即完成。

我有個關於蜜漬南瓜的苦澀回憶。

幾十年前的事，我家常請一位磨刀的老伯伯來家裡。那個時代的菜刀不像現在是不鏽鋼材質，主要都是鐵製的，很容易生鏽，維護時需要很棒的專門磨刀的技術。

某天中午，我端出蜜漬南瓜請磨刀的老伯伯吃。沒想到他嘗一口的瞬間就叨念說：「我沒辦法吃這種東西。」害我有點氣餒。他解釋說：「我非常喜歡吃軟嫩的南瓜，但這樣蓬鬆沙沙的南瓜會卡住喉嚨，我沒辦法吃呢。」

聽了他的解釋，我心想：「確實會有這種情況」，深刻地反省了自我認定蜜漬南瓜「絕對好吃」的想法。自己喜歡的，別人不一定也喜歡……

老伯伯一定是喜歡用滿滿的高湯煮得軟嫩的南瓜燉煮料理吧。西洋南瓜不用加水就能煮得熱呼呼，會做出完全不同的味道，兩種做法都很好吃，但最近很難買到菊座等日本南瓜，總覺得少了點什麼。因此，每次煮這道熱騰騰的蜜漬南瓜時，都會想起那位磨刀的老伯伯。

「竟然也有不能吃這道蜜漬南瓜的人啊！雖然它是這麼好吃……」

參

讓人愉快享受初春至初夏的香氣與季節感的蔬菜

隨著春天的到訪而冒出新芽的綠蘆筍，或是豌豆、蠶豆、四季豆等莢豆類，在充滿生命的季節，以強健生長、綻放出稚嫩香氣的淡綠色蔬菜豐富餐桌的色彩，必定能帶來元氣。

此外，藉由芹菜獨特的香味和清脆的口感，就能做出非常清爽的口味。當然除了白色的莖之外，若能善用芹菜的葉子，還能發揮意想不到的效果。

綠蘆筍

最近，蘆筍除了綠色之外，還出現白色、葡萄色（深紫色）、迷你型等各類品種。平常所吃的蘆筍，其實是摘取長出葉子和枝芽前的嫩芽和莖。蘆筍是既嫩又纖細，很容易失去新鮮度的蔬菜，因此一到手就要趁新鮮使用。

新鮮的蘆筍，筍頭扎實、色澤鮮豔，好不容易選購到新鮮的蘆筍，若因為煮太久導致口感變差，一定會很失望。因此，這裡要介紹一下汆燙的訣竅。

煮沸的開水中加一小撮鹽巴，將幾根蘆筍豎著，以頭朝上的方式將下面的梗浸入熱水中。數10～15秒之後，再將整個蘆筍橫放至熱水中，顏色一變鮮豔，就用漏杓撈出，浸泡在冷水中使其不再變色。天氣涼爽的日子不需要泡冷水，擺在室溫下直接放涼，吃起來會更鮮甜。

蘆筍根部很硬時，用菜刀切除1～2㎝，或是用手掰斷，或用菜刀或削皮器薄薄地削去蘆筍根部粗糙的皮。若將三角形的葉鞘也摘除後汆燙，帶纖維、硬邦邦的部分都不見了，自然能燙出美味的蘆筍。

1 涼拌烤蘆筍

綠蘆筍本來就是用鹽水汆燙一下立刻吃，或是以少許的鹽和胡椒清炒最美味。簡單料理就能呈現出食材本身味道的蔬菜種類不少，蘆筍和豌豆都是。此處介紹的就是能樸素享受美味，食譜簡單的和風料理。

綠蘆筍用烤網烤至恰到好處的焦黃色，再淋上以昆布和柴魚片煮成的美味調味湯汁。烤得恰到好處的蘆筍香，配上好吃的湯汁，正是這道料理的重點，請不要放得太涼才享用。清爽香氣混雜著烤香充滿整個嘴裡，讓人深切感受到季節氛圍。

◎涼拌烤蘆筍

【材料・4人份】

綠蘆筍 8～9枝

湯汁

- 昆布（5㎝）1片
- 柴魚片 20g
- 水 ½杯（300cc）

鹽巴 ⅔小匙

醬油 ⅓小匙

*關於湯汁也可參考P.174。

（1）鍋裡放入昆布和水，靜置一會兒後以小火煮到昆布冒出小泡沫、微微晃動時，維持60℃煮30分鐘左右，取出昆布。將昆布湯加熱後加入柴魚片，以筷子輕輕地將柴魚浸入湯汁後關火。

（2）靜置7～10分鐘等柴魚片下沉，用鋪有乾淨白紗布的竹簍過濾。將湯汁倒回鍋裡，以鹽和胡椒調味，稍微煮開後關火。湯汁移到其他器皿中，放涼後放入冰箱冰涼。

（3）切除綠蘆筍硬的根部。

（4）將③排列在烤網上，以中火將所有的蘆筍邊翻面邊烤到恰到好處的焦黃色。

（5）將④烤熱的蘆筍放進②的湯汁，靜置一會兒。

最後階段，一定要趁熱將蘆筍放進湯汁，能使美味的湯汁沁入整個蘆筍。

這道料理若想從頭開始製作，感覺會有點負擔。不過若能事先做好湯汁，就會很簡單。宣告春天到來的蘆筍，可說是季節的贈禮。

② 蘆筍義大利麵

主材料為綠蘆筍的義大利麵，是我最喜歡的義大利麵之一。當然除了蘆筍頭外，連下面較硬的部分也要全部用到。底部有點硬，可用攪拌器攪打成美味的醬汁。

（1）滿滿的熱水中加一小撮鹽，煮沸時先放入綠蘆筍的根部，接著將整根蘆筍放到熱水裡煮得清脆。

（2）煮好的蘆筍，將蘆筍頭和梗切開，筍頭放一旁，梗切成1～2cm長的小段。紅蔥或洋蔥切碎。

（3）鍋裡放入奶油和初榨橄欖油，加入②切碎的紅蔥或洋蔥炒香。炒到有點透明時，再加入②的蘆筍小段輕炒，蓋上鍋蓋，燜一下使蘆筍變軟。

（4）煮蘆筍期間，在滿滿的熱水中加鹽開始煮義大利麵，煮到有嚼勁的程度。

（5）將③的蔬菜以手持式攪拌器（bamix 等品牌）或是食物處理器攪打成醬汁。

◎蘆筍義大利麵

【材料．2人份】

綠蘆筍 8枝
鹽巴 1小撮
紅蔥 2枝（或是洋蔥½個）
奶油 2大匙
初榨橄欖油 2大匙
個人喜好的義大利麵 160～180g
鹽巴（要加在2公升的熱水裡）1大匙
帕瑪森起司（搓碎的）適量
鹽．胡椒 各少許

＊義大利麵一人份80～90g，2人份比較容易製作。

（6）碗裡放入⑤的醬汁、煮好的義大利麵、帕瑪森起司、鹽和胡椒混勻，再加入②的蘆筍頭輕輕拌勻，盛裝在器皿裡。

此道義大利麵會薄薄裹上一層綠色醬汁，裡面還隱約看得見蘆筍頭的綠色。

3 蘆筍豬肉卷

想要將綠蘆筍當主菜時，我喜歡搭配豬肉的「蘆筍豬肉卷」。

我很重視蘆筍的口感，會切掉1～2㎝硬的根部，再將下方的皮削薄。

（1）準備好的蘆筍，分別以豬肉薄片從根部往筍頭斜捲上去。

（2）烤網加熱後將①的豬肉卷鋪排在網子上，以中火烤4分鐘左右，翻面後再烤3分鐘左右（若不用烤網，也可在平底鍋塗油，滾動著將豬肉卷煎熟）。

（3）取出烤好的豬肉卷放入調理盤，趁熱淋上少許醬油。

（4）切成容易入口的長度後盛裝在器皿裡。

這道豬肉卷的調味，只用醬油。烤到恰到好處時，嗞的一聲淋上醬油，肉片會迅速吸收。醬油香、豬五花美味的油脂和蘆筍的味道相當搭調，成為令人食指大動的主菜。也可以撒少許七味辣椒粉。

●蘆筍豬肉卷

【材料．4人份】

綠蘆筍　8枝

豬五花肉薄片　8片

醬油　少許

趁豬肉烤得鮮嫩多汁時淋上少許的醬油，是肉能入味的訣竅。肉冷掉時才淋醬油則為時已晚，味道會出現明顯的落差。

莢豆

從早春到初夏，莢豆類會陸續登場。首先，一馬當先的是小型豌豆、稍大一點的荷蘭豆、肉較厚的甜豆等莢豆類，接著就是青豆、蠶豆登場。這兩種新鮮、嬌嫩的生豆，只有這個時期能品嘗。青豆和蠶豆從豆莢取出後會變硬，建議購買帶莢的豆子。

接下來登場的是四季豆類。四季豆的日文「Sayaingen」，源自將此豆從中國帶回來的隱元禪師。四季豆有排名第一的泥鰍四季豆、寬扁型的摩洛哥四季豆、日本東海以西盛產的豇豆等。豇豆很軟嫩、容易入口是其特徵。

在豌豆、甜豆、青豆、蠶豆、四季豆等莢豆陸續出現的時期，會每天都想吃點莢豆類。

1 清燙四季豆

其實不只是四季豆，任何莢豆都可以清燙。幾種豆類一起清燙也很好吃。清燙的重點有兩個：盡量用剛採收的新鮮莢豆，以及要燙得咬起來很清脆。

此處是採用新鮮、當地產的泥鰍四季豆和摩洛哥四季豆。四季豆的種類繁多，可分為帶筋絲和不帶筋絲。帶筋絲的四季豆要先摘除蒂頭尖端，再撕去兩端的筋絲。摘掉的尖端部分不好吃，撕去筋絲時要連蒂頭一起摘除。

去除筋絲和蒂頭的四季豆，陸續浸泡在盛裝冷水的大碗裡。汆燙前先將四季豆泡在冷水裡使其變清脆，這個步驟很重要。不管是莢豆、青菜、高麗菜的處理方式都一樣。讓植物細胞內飽含水分，使之處於水嫩狀態再清燙，很不可思議地就能燙出蔬菜原有的甘甜和香味。若能感受到蔬菜的甘甜和香味，就會了解蔬菜的美味。要變成真正的蔬菜愛好者，最重要的就是多這道工夫。

汆燙時，熱水裡要加一小撮鹽巴。之所以要加鹽巴，與其說是用鹽提味，不如說是為了用鹽提高熱水的沸點而燙出鮮綠的菜色，此外也要靠鹽巴的力量，避免豆子的澀味釋出到熱水裡。

緊盯著放入熱水中的四季豆顏色的變化，一變成美麗的綠色，立刻用漏杓撈起一根，試吃看看，確定其硬度。由於還在不斷加熱，要很快試吃。確認硬度剛剛好時，即撈起放涼（從熱水中撈出後，立刻攤放在竹簍上放涼）。

之所以如此講究事前準備和汆燙的時間，就是因為這道菜的調味非常簡單，只用鹽巴。越是簡單的料理，素材和其處理方法的好壞會直接反映在味道上。大家很容易把簡單料理想成是簡單就能做好的料理，絕對不是這樣。的確，簡單料理的材料和調味料的數量、步驟等，或許比費工的料理要少很多，正因為如此，更要對食材的選擇和處理方式多費點心思。

（**1**）四季豆去筋絲，浸泡在冷水中5～10分鐘，使之變清脆。

●清燙四季豆

【材料．4人份】

四季豆　150g

摩洛哥四季豆　150g

鹽巴　1小撮

初榨橄欖油、鹽巴　各適量

＊圖→P.23

（2）熱水裡加一小撮鹽，加入①的四季豆，依不同種類分別煮至顏色變鮮豔。撈出1根試吃，待煮到恰到好處的硬度時，一口氣倒入竹簍裡過濾。
（3）過濾好的四季豆不重疊地攤開擺放，放置於窗邊等通風處冷卻。
（4）切成容易食用的長段，並排盛裝在器皿裡。從上方淋初榨橄欖油、撒上鹽巴，拌勻後享用。

② 綜合莢豆沙拉

這是一道盡可能備齊多種莢豆，充滿新鮮感，適合初夏的沙拉。從早春到初夏，各種莢豆會稍微錯開時期地登場。盡可能不要錯失莢豆上市的時機，將喜歡的4至5種混在一起，充分品嘗這個季節才有的味道。

莢豆事前的處理方式和①的四季豆一樣，但青豆煮過後若放著不管，豆粒會產生皺褶，要特別注意。

青豆要煮出甜味的訣竅，就是火關掉後放入溫水中，讓它自然冷卻。青豆若冷卻過度，會有損風味。讓它慢慢變涼，就會粒粒飽滿圓潤。

（1）去筋絲，浸泡在冷水中約5分鐘使之變清脆。

○綜合莢豆沙拉

【材料．4人份】

小型豌豆 100g
甜豆 100g
四季豆 100g
青豆（淨重）100g
新洋蔥 ½個
番茄 中型1個
荷蘭芹或蒔蘿 1枝
A 初榨橄欖油 4大匙
白酒醋 1大匙多
鹽巴 適量
胡椒 少許

（2）熱水裡加一小撮鹽，將①的莢豆依煮熟難易的順序（甜豆、豌豆、小豌豆）放入鍋裡，當變成美麗的綠色時，快速撈起，不重疊地攤放在平的竹簍裡冷卻。

（3）料理前用指頭按壓青豆豆莢鼓起處，將裡面的豆子一粒粒地取出。放入加了少許鹽的熱水中煮熟後，放涼。

（4）新洋蔥切薄片，小番茄切小塊，荷蘭芹或蒔蘿切碎。

（5）②～④放入碗裡，加入A的調味料快速混勻，盛裝在器皿裡。

放入各種個人喜歡的當令莢豆所調製出的料理，是一般家庭才會有的一道菜。因為不管去多麼高級的餐廳，絕不會有只用自己喜愛的材料製作的料理。

蔬食料理，其實是料理中最費工夫的。清洗後一定要去筋絲、剝皮、切碎，但往往很難成為主菜。若是烹調肉類就不用這麼費工，而且只要做好基本的調味，就成為很棒的主菜。既費工又不顯眼的就是蔬食料理，但若把握時機、用心料理，就能盡情享受舒爽的口感、美麗的色彩以及季節才有的香味，就某方面來說，也是一種奢華的美味。

3 豌豆味噌湯

我是豌豆的愛好者，就算只吃一堆的豌豆，也吃不膩。

味噌湯的料，除了基本的蘿蔔和油豆腐外，我還會加入各種季節性的蔬菜，但特別喜歡的是只加豌豆的味噌湯。心血來潮時，我會試著只用豌豆做味噌湯，做出來的湯頭非常美味，因此成為我的私房菜。只不過，若用乾乾皺皺的豌豆，就算加得再多也煮不出甘甜和香味。將豌豆浸泡在冷水中，用手掰一下直到發出啪嗞聲，就表示水分滲入豆子的細胞內而變得清脆。記得先在素材上充分引出蔬菜的美味後，才開始烹調。

◎豌豆味噌湯

【材料．4人份】

豌豆 150g～200g

小魚乾高湯 4杯（P.62～P.63、P.174）

味噌 3～4大匙

＊味噌的量依種類（鹹度）做調整

（1）豌豆去筋絲，浸泡在冷水中，使之變清脆。

（2）將小魚乾高湯加熱，加入味噌融勻後，再加入①的豌豆煮一會兒。

趁豌豆口感還清脆，盛裝在湯碗裡。如此吃起來的口感和豌豆獨特的纖細香味，真的無法用言語形容。不過，最近在超市販售的豌豆，看起來都很清脆卻沒什麼香味，有點擔心用這種豌豆怎能製作出美味的湯。

〔美味祕訣〕能嘗到豌豆喀嗞作響快感的中華麵

能充分品嘗豌豆喀嗞作響快感的非中華涼拌麵莫屬。

蝦麵（加入燴蝦仁的中華麵）與咬起來喀嗞作響、令人爽快的豌豆是絕配，肚子餓時，會想要一碗接一碗吃個不停。

豌豆去筋絲、浸泡在冷水中，使之變清脆後，斜切成細絲。將切成細絲的豌豆放入能放進鍋子裡的漏杓，浸入加了少許鹽巴的熱湯中汆燙一下即撈起。漏杓要選大型的，以便能在瞬間將全部的豌豆一次撈起。

若將豌豆瞬間燙熟，立刻放到冷水中浸泡，就會變得清脆爽口。請準備大量這樣的豌豆絲。

燙豌豆時，同時煮蝦麵，以麻油、鹽、胡椒調味，滿滿放上豌豆絲。若有香菜就切碎加入也很好吃，配料全是綠色蔬菜。沒有食慾時，推薦大家這道一定會讓人食慾大開的麵食。

番茄：不太費工夫、美味的小番茄湯↓P.115

只要一直熬煮就好：鍋裡放入拍碎的大蒜和小番茄，加水煮到湯汁變番茄色時，以鹽、胡椒調味。這是要花點時間、卻不費工夫的番茄湯。

小番茄義大利麵
↓P.114

茄子：鹹梅干燉茄子↓P.124

從米糠醃茄子學到很多→P.120

米糠床是活的：收到母親精心照料的米糠床，我直到現在都還持續做著米糠醃漬料理。最開心的是，以飼養的心情維護，它就會以美味報答我。

苦瓜：苦瓜蒸豬肉
→P.128

喜歡香草：除了青紫蘇、蘘荷等和式香草外，也非常喜歡香菜、羅勒、薄荷、義式香菜等香草。身邊總會隨時準備著一些香草。

玉米：新鮮玉米泥
→ P. 132

玉米：玉米糙米飯↓P.134

小黃瓜：小黃瓜炒蛋水餃 → P.143

幼嫩的櫛瓜生吃：櫛瓜基本上是要加熱後品嘗，但是將幼嫩新鮮的櫛瓜切成極細的細絲，連同檸檬汁、酸豆一起做成沙拉，就能體驗新的美味。

櫛瓜：櫛瓜沙拉↓P.151

豆芽：越南煎餅
↓P.166

青蔥：炸魚板青蔥沙拉→P.172

義大利菇類料理就是要充分品嘗食材的原味↓P.160

發現花柄橙紅鵝膏菌：像從地面長出白色的蛋（菇傘會變紅色）的花柄橙紅鵝膏菌，在義大利多半是拿來生吃。日本信州夏天也有這種菇類大量豐收，真的很令人驚訝。

芹菜

芹菜最重要的就是具有獨特香氣和咬起來喀嗞喀嗞作響的口感。一定要趁新鮮時盡早使用。料理之前，位於莖上的粗筋要用刀刃從根部淺淺插入再往上拉，將其剝除。我會很寶貝這些芹菜的筋絲，會拿來當綁食材的繩子，若是和食，就用來綁昆布卷和關東煮袋物，用這樣的感覺使用芹菜筋。舉例來說，要綁高麗菜卷豬肉薄片的「簡單高麗菜卷」，或是綁有塞內餡、要用油炸的食材開口時，用芹菜筋取代綁繩就很好用。既能綁得很牢，直接就吃下肚也不會有怪味。

不用菜刀，改用削皮器削去筋絲時，要注意輕輕貼著表皮削，不要削得太厚。

對我來說，芹菜的葉子也是很重要的材料。幾片疊在一起捲起來，切成美麗的綠色細絲，混入沙拉裡，或是當作湯的漂浮裝飾物（圖P.16）不但能提升香氣，還能增加料理的細緻感。此外，芹菜葉所含的胡蘿蔔素是莖的兩倍。若將它丟棄，就太可惜了。

1 芹菜湯

芹菜是烹調西式湯品時不可缺少的材料。

我在義大利煮湯時，就算什麼都沒有，也會準備芹菜、荷蘭芹、洋蔥、紅蘿蔔。將芹菜和其他香味蔬菜一起熬煮，會很好喝，還可以當作西式、中華風燉菜，或是義大利麵、中華麵的湯頭，總之使用範圍很廣。園藝店有賣芹菜苗，買一株種在種植箱，經常就有新鮮的芹菜可用，非常方便。芹菜的香味，越新鮮的越好，最好是自己種一盆。

這道湯的做法非常簡單。深鍋裡放入芹菜、荷蘭芹、洋蔥等具香味的蔬菜，倒入足以覆蓋的水量，就這樣慢慢地熬煮即可。

（1）芹菜的長度切成2～3等分，洋蔥（若有的話，也加入切碎的胡蘿蔔等）切大塊，和荷蘭芹一起放入深鍋中。芹菜連葉子一起放入，香味絕對不一樣。依個人喜好也可加入月桂、百里香增加香氣。

（2）倒入足以覆蓋材料①的水，不蓋鍋蓋，用小火熬煮到感覺蔬菜變得有點透明時，嘗一下確認香氣和味道。

（3）將②濾出的湯汁倒入鍋裡，以鹽、胡椒調味。

為煮湯放入的蔬菜，會煮得很軟嫩，可直接拿來吃，但這些都算是殘渣，不吃也沒關係。

這樣就能煮出一鍋的熱湯。

我會事先多做一些類似的基本蔬菜湯，作為蔬菜濃湯、西式燉菜、義大利麵時的湯底，煮出來的料理，味道或營養都會很不錯。

煮蔬菜高湯時，可以加入一塊雞胸肉，同時煮好雞肉和湯，即所謂的「一石二鳥的美味」，我很推薦這樣的煮法。

（**1**）和上述的芹菜湯一樣，將芹菜和其他具香味的蔬菜、香草放入深鍋裡。

（**2**）加入雞胸肉，倒入能覆蓋材料的水後開中火熬煮。開始冒泡時，轉成會慢慢煮開的程度、稍小一點的中火，並小心撈除浮沫。接著，不要蓋鍋蓋，咕嘟咕嘟地熬煮到雞肉變軟嫩。

（**3**）過濾湯汁，再重新倒入鍋裡，以鹽和胡椒調味。

如上述內容，芹菜湯裡加入雞肉的肉香，能煮出格外美味的湯。

一起煮熟的雞肉，若從湯汁裡撈出，肉質會變老，因此要連湯汁一起放在容器裡放入冰箱冰一晚，就能當作鮮嫩的水煮雞肉使用。水煮雞肉浸在只加少許鹽的湯汁裡，能保存在冰箱裡2至3天。我會用手撕開，搭配料理使用。

希望湯保存得久一點時，可將湯依一次的用量分裝冷凍，這也是我最寶貝的食材之一。在「有肉，但希望能配個湯」時，只要解凍加熱、撒上胡椒，很快就能做出真正好喝的湯。此外，「中餐想吃中華風的麵食」時，將中華乾麵快速煮熟，加入熱好的湯，上面再覆滿水煮雞肉和蔥絲，即能大大滿足需求。

因此，建議這道湯可多做一些，我家就常備有這道湯。用雞胸肉煮出來的湯，味道清爽，若是使用雞腿肉，湯會有點濃。

◎芹菜湯（有加雞肉）

【材料．4人份】

芹菜　2～3枝
（連葉片也一起）
荷蘭芹　2枝
洋蔥　1～2個
紅蘿蔔　5cm
雞胸肉　1塊
月桂、百里香（依個人喜好）
2～3片
水　10杯
（煮好會縮水變成⅔左右）
鹽．胡椒　各適量

＊即使不加雞肉，只要充分熬煮芹菜和具香味的蔬菜，就能煮出基本高湯。

2 涼拌芹菜雞肉

利用煮好的雞肉，就能立刻完成的一道菜。

熬煮高湯時順便將雞肉煮熟，就能直接使用。若沒有已煮好的，將雞胸肉淋少許的酒，蒸7～8分鐘即可。芹菜和蔥白部分盡可能切得很細，和撕得極細的雞肉絲，以中華風的辛辣醬料拌勻後享用。切得極細的材料充分裹上醬料，芹菜香加上咬勁十足的快感，除了當配飯的菜，也適合當下酒菜。

（1）雞胸肉摸起來不燙手時，撕成細絲。

（2）將刀尖淺淺插入芹菜梗的根部，直接將筋拉起去除。切成長5～6cm的小段，再分別縱向切成薄片。將薄片一片一片錯開疊著，切成極細的細絲。

（3）和芹菜一樣，長蔥蔥白部分切成細絲，浸泡在冰水裡數分鐘後充分瀝乾水分。②的芹菜也同樣浸泡冰水，會變得更清脆。

（4）將①的雞胸肉和②的芹菜混勻，盛裝在器皿裡。最上面用③的白蔥絲裝飾，將辛辣醬料的材料混勻後，全部淋上去。若將芹菜葉切得很細混入白蔥絲中，整盤菜會很漂亮。

● 涼拌芹菜雞肉

【材料．4人份】

雞胸肉（去筋，用高湯煮或蒸熟）6～7條

芹菜 1枝

長蔥 1枝

辛辣醬料

- 麻油 3大匙
- 醋 1大匙
- 醬油 1～1½大匙
- 豆瓣醬 1小匙
- 大蒜泥 1片分量

3 干貝芹菜蘿蔔沙拉

這道料理是使用高級罐頭干貝，而不是生鮮的干貝。將檸檬汁加入干貝罐頭湯汁裡，就能做成美味的調味醬汁。因此，選擇上等干貝罐頭就是將這道料理做得好吃的祕訣。

我有時會只用干貝罐頭和芹菜做沙拉，有時則會加入蘿蔔。芹菜是一定要的，但加不加蘿蔔都可以。加了蘿蔔，菜的分量會大增，在此介紹加蘿蔔的做法。

◎干貝芹菜蘿蔔沙拉

【材料．4人份】

干貝罐頭（180g）2罐

蘿蔔 10cm

芹菜 2枝

檸檬（盡量選無農藥的）1個

鹽巴 適量

（1）蘿蔔切成5cm厚的塊狀，厚厚削去一層皮，再分別切成7～8mm見方的棒狀。芹菜去筋，切成和蘿蔔同樣大小的棒狀。將疊在一起的芹菜葉捲起來切細絲，輕輕地用水洗淨並瀝乾水分。

（2）①的蘿蔔和芹菜梗先撒點鹽巴（重量的2％），等出水後擰乾水分。

（3）將捏散的罐頭干貝和裡面的湯汁放入碗裡，擠入檸檬汁，加入②的材料和①的芹菜葉，快速混勻後，盛裝在器皿裡。

檸檬若是用無農藥檸檬，可刨一些皮撒在沙拉上，整道菜會變得有白、有綠、還有黃色，色彩更豐富。

肆

完整吃下活力十足的夏季蔬菜

表皮光滑、有彈性的番茄與茄子，深綠色有凸起的苦瓜、果實粒粒水嫩飽滿的玉米，夏天的每一種蔬菜都色彩豐富，一副要迸裂開來的氣勢。在此將介紹能充分品嘗到這種氣勢的料理。

正因為飽含水分，有助於讓發熱的身體冷卻下來，會讓人有「啊！好爽快！」或是「很清爽好吃」的想法。

夏天的蔬菜，都是先生吃或用接近生鮮的做法，因為這些都是最適合烈日當空的季節食用的料理。

請不要錯過這個時期，完整地品嘗夏季蔬菜的勁道。

番茄

歐洲有句諺語：「當番茄變紅，醫生的臉就綠了。」即源於成熟的番茄營養豐富，多吃有益健康，不需要醫生的說法。近來，很容易買到各種不同色彩的番茄（圖P.89），希望大家能選擇符合自己飲食方法的品種，盡情享用。

現在，一整年都可以看到番茄，但會讓人想要整個吃下去的就只在夏季盛產的時候。另外，番茄的特點就是可生吃，也可煮成各種料理。

在義大利，會不留空隙地將番茄塞進瓶子裡，緊密蓋上瓶蓋，連瓶子一起加熱後保存。通常是用善於保存的、形狀細長的聖馬利諾番茄，肉厚、籽少的品種。最近在日本也找得到加熱調理用的番茄，買不到時，我會用味道濃郁、甜度也高的小番茄。番茄熬煮15～20分鐘左右，就能煮出獨特的美味而變得更好吃。充分熬煮過的番茄，除了酸味、甜味外，還會散發特有的美味。

說到日本具代表性的番茄品種，莫過於大玉的桃太郎。不過，以此種番茄調製的番茄醬水分會太多，不是很好吃。這種沉甸、具光澤彈性、露天生產的桃太郎適合在大熱天充分冰涼後生吃，充分消暑。飽含水分的口感，常令人不禁讚嘆：「真好吃！」

桃太郎直接生吃是最棒的。最近，番茄也會標示品種與最適合的調理方法，請稍微確認後使用！

1 卡布里沙拉

一聽到「卡布里沙拉」，很多人會想到義大利前菜。這道前菜有熟悉的番茄紅色、馬茲瑞拉起司的白色、羅勒的綠色，色彩繽紛美麗。卡布里沙拉在義大利是很大眾化的前菜，見到我家的卡布里沙拉的人，一開始都會先「咦」的一聲，對菜的分量感到很驚訝，接下來就會大聲喊出「好可愛」。

製作這道卡布里沙拉時，要先找到沉甸甸、充分成熟的桃太郎。

（1）熟透的番茄橫向對切，裝在盤子裡，馬茲瑞拉起司除去水氣後對半切開，鋪在番茄上。

（2）羅勒的葉子整片鋪在上面，淋上初榨橄欖油、撒上胡椒。

做法雖然簡單，卻是一道吃起來很美味，拿來當前菜會覺得有點可惜，令人滿足的料理。當我覺得白天吃太多時，晚餐會只吃這道沙拉。

為何要用這樣的裝盤法和吃法呢？因為不管是番茄、馬茲瑞拉起司或羅勒，都盡可能不要切開會比較好吃。這些素材切開後放越久，與空氣接觸的機會越大，會減損美味。因此，希望大家都不要動刀，就整個番茄、整個馬茲瑞拉起司盛裝在一起吃。

在南義大利馬茲瑞拉起司的產地，可買到當天早上現做、新鮮的馬茲瑞拉起司。若比喻為日本的食材，和豆腐的感覺一樣。使用剛做好的馬茲瑞拉起司的卡布里沙拉調味，只需要優質

●卡布里沙拉

【材料・2人份】

番茄（桃太郎） 1個
馬茲瑞拉起司 1個
羅勒 4枝
初榨橄欖油 適量
鹽巴 少許
*鹽巴建議用「鹽之花」

的初榨橄欖油和鹽巴。鹽巴建議使用粗顆粒「鹽之花」海鹽。卡布里沙拉與冰涼的白葡萄酒也超級搭配，是夏天最適合的義大利風料理。

我曾在義大利家庭中見到料理番茄非常有趣的一面。做菜時，豪不猶豫地用手將番茄擠碎放入鍋裡，若生吃就用手捏碎後以油和鹽調味。這種料理方式，可確保番茄的果肉在料理前不會接觸到空氣，捏碎的面會凹凸不平，能讓油和鹽充分入味，這種自然的料理方式，最能將番茄的美味發揮到極致。

2 小番茄義大利麵

製作這道義大利麵時不必費工夫做番茄醬，但小番茄要使用糖度高、味道較濃的。這是義大利任何產番茄的地方，當地民眾每天都會吃的義大利麵，做法極為簡單，無比的美味完全來自番茄的甜味。

（1）小番茄去除蒂頭，大蒜以刀腹壓碎。

（2）鍋裡放入初榨橄欖油和①的大蒜，以小火炒出香味時加入小番茄，改用中火炒勻。

（3）所有的材料都炒得油亮時轉小火，蓋上鍋蓋燜煮。不時地上下翻動，直到煮出水分、番茄的皮裂開時即煮熟，再以鹽和胡椒調味。

（4）在燜煮番茄期間，將義大利麵放入加了鹽的熱水（比例為水1公升鹽2小匙）中煮至比有嚼勁再硬一點的程度。

（5）③的鍋裡加入④的義大利麵，充分混勻後關火，盛裝在器皿中。摘下羅勒的葉子撕碎，撒在上面。

希望這道番茄義大利麵多點新鮮感時，關火之前可再加入一小撮的新鮮小番茄。

最近，市面上出現了各式各樣的番茄。要用它們做料理時，先試吃一下，了解皮的硬度與甜度，思考一下適合做成什麼料理，要用什麼樣的調理方法。即使同樣是小番茄，也有橢圓形、黃色或橘色，帶黑色的，甚至還有被稱為超迷你、直徑只有8～10㎜的小型品種（圖P.89），種類繁多且色彩豐富。皮軟的小番茄可直接使用，皮較硬的最好先去皮。偶爾也可改變調理方式，例如燙去番茄皮，用食物處理器攪打後再使用。

【美味祕訣】不太費工夫、美味的小番茄湯

就算是天氣炎熱、沒有食慾時，也能輕鬆做出的一道美味湯品就是「小番茄湯」（圖P.90）。

雖然要花一點時間，但只需要一直熬煮，並不費工夫。如同前面說過的，經過長時間熬煮就能煮出番茄的美味，因此，請不要加任何湯料，嘗嘗只有自然美味的樂趣。

◎小番茄義大利麵

【材料．2人份】

義大利麵 160g
小番茄 20個
羅勒 2枝
大蒜 2瓣
初榨橄欖油 2大匙
鹽、胡椒 各適量
＊最後也可依個人喜好，加上帕瑪森起司。
＊圖→P.91

豪邁地放入大量的小番茄，兩人份就準備20顆以上。鍋裡放入拍碎的大蒜和小番茄，倒入能蓋滿材料的水，以稍小的中火慢慢熬煮。待番茄皮剝落、果肉煮爛，湯煮到變番茄色時，再以鹽和胡椒調味。

趁熱時盛裝在器皿裡，以初榨橄欖油和粗顆粒黑胡椒調整味道即可。

3 番茄咖哩肉醬

「絞肉醬」是我家常備的料理之一。

初榨橄欖油在平底鍋加熱後，加入豬絞肉充分炒到香脆，關火後加入醬油、醋、胡椒混勻，最後加入大蒜泥。將絞肉連同肉汁移到容器內，放入冰箱保存，就能隨時拿來鋪在生菜上增加美味和分量，或是混入炸蔬菜裡，或是拌麵也很好吃。這道醬汁在夏天時尤其珍貴。

有一次在炒絞肉時，突然靈機一動想到的就是這道咖哩肉醬。將絞肉充分炒香，加醬油、大蒜、咖哩粉及個人喜好的辛辣香料——一定要有丁香和黑胡椒——再加入少許的初榨橄欖油，與切碎的番茄充分混勻，簡單的咖哩肉醬即完成。這道咖哩肉醬和糙米也很相配。

由於非常好吃，試著拿來拌用鹽巴搓揉過的茄子、秋葵、小黃瓜、蘿蔔等，任何拌法都非常美味。因此，成為我家夏天的咖哩料理之一。

◎絞肉醬

【材料．容易製作的分量】

豬絞肉 250g

初榨橄欖油 2～3大匙

醬油、醋 各3～4大匙

胡椒 少許

大蒜泥 1片分量

（1）將初榨橄欖油在平底鍋裡充分加熱後，放入豬肉，以大火將肉的表面充分炒到酥脆，加入咖哩粉、丁香、粗顆粒黑胡椒、紅辣椒粉、醬油、大蒜泥調味。

（2）番茄切大塊，洋蔥切薄片後放入水裡，使之變清脆。

（3）充分瀝乾②的蔬菜的水氣，與①的咖哩絞肉拌勻。

這道料理的關鍵就在咖哩肉醬的炒法。將肉充分炒出油脂，再靠這些油脂將肉炒至香鬆酥脆即為訣竅。如果肉炒得不夠酥脆，加入蔬菜時會變得水水的，因此，一定要炒到有啪嗞啪嗞響、稍微焦黃的感覺。

若是以蔬菜為主，就以咖哩粉和鹽巴使絞肉充分入味。看起來既不像沙拉也不是咖哩的一道菜，卻與糙米很搭。適度的酸味與鹹味，和咖哩風味相輔相成，特別推薦在沒有食慾的炎炎夏日品嘗。

我個人偏好多點辛辣味，會加入小茴香、香菜、丁香等，分量則依個人喜好。

和絞肉醬汁一樣，事先多做一些咖哩絞肉醬，就能做很多應用。它可冷藏存放2～3天，也可冷凍起來。咖哩絞肉醬不只能拌切碎的番茄，也能做成高麗菜卷，或是淋在鋪有高麗菜絲的白飯上，都可成為夏天的開胃午餐。請事先做好，享受運用於各種料理的樂趣吧。

● 番茄咖哩肉醬

【材料．4人份】

番茄　中型4個

洋蔥　½個

豬絞肉　150～200g

初榨橄欖油　2大匙

咖哩粉　2大匙

丁香粉　1～2小匙

粗粒黑胡椒　適量

紅辣椒粉　少許

醬油　2大匙

大蒜（磨成泥）　1片分量

＊依個人喜好再加入一些辛香料會更好吃。

茄子

誠如「深茄紫」這個顏色的名稱，茄子以紫中帶深紅色為佳。茄子是否新鮮，從表皮的彈性、光澤就能分辨出來，首先要確認的是蒂頭的部分。蒂頭的切口要帶點綠色且水嫩，花萼上的刺尖銳到會刺痛人的程度就是新鮮的茄子。

不新鮮的茄子，果肉會變褐色並出現籽，就算好好烹調，也做不出好吃的料裡。因此，選擇新鮮的茄子很重要。

茄子的特徵是具生物鹼、有澀味，一旦切開，切口就會變色，味道也會變，去除澀味的步驟很重要。一般是一切開就立刻浸泡在鹽水或明礬水裡。切好就立刻油炸，也是不會出現澀味的方法。

1 鮮茄薄荷沙拉

茄子因為有澀味，做成沙拉時，要浸泡在鹽水或是加了鹽和明礬的水裡。只不過，明礬若加太多，反而會出現澀味，要控制得宜。若浸泡在較濃的鹽水裡，食用之前擠乾水分，就算不加明礬也可。

由於鹽分很難進入茄子，因此要浸泡在濃一點的鹽水裡（4％～5％的食鹽水）。嘗一口看看，感覺有點鹹的濃度才對。

（1）茄子的切法不限。可隨意切塊或是切圓片、斜切都可以。浸泡在夠濃的鹽水裡放入冰箱，靜置約1小時直到變軟嫩。浸泡的時間可依切法調整。

（2）充分放涼的番茄切成和茄子差不多相同的大小。

（3）薄荷留少許的枝葉當裝飾，其他葉子摘下。

（4）將A材料充分混勻，做成醬汁。

（5）①的茄子用手掌夾著壓除水分，放入碗裡。加入②的番茄、③的薄荷葉，並與④的醬汁輕輕拌勻，盛裝在器皿裡，以剩下的薄荷裝飾。

在義大利，薄荷被視為是和茄子非常搭的香草。義大利茄子的皮很硬，因此在撒鹽、出水後，會稍微烤一下，再做成「薄荷茄子沙拉」端上桌。日本的茄子不像義大利的皮那麼硬，只要用鹽巴搓揉即可。

經鹽水漬過的茄子，依處理方式的不同，可做出很多不同的料理。直接就這樣吃也很美味，也可和紫蘇、生薑一起做成和風的漬物。搭配絞肉醬（P.116）也很不錯。

●鮮茄薄荷沙拉

【材料．2人份】

茄子 2個

鹽水
- 水 1杯
- 鹽 1大匙

番茄 1個

薄荷 1枝

A
- 初榨橄欖油 2大匙
- 檸檬汁或醋 1大匙
- 鹽、胡椒 各少許

【美味祕訣】從米糠醃茄子學到很多

夏天，我一定會做米糠醃茄子，這是從小時候就一路伴著我長大的母親的味道。我家的米糠床★，來自母親精心照料的米糠床。從那以後數十年來，我家一整年都能吃到米糠醃漬的菜。

不只是茄子，我還會用米糠醃一年四季皆有的小黃瓜、蘿蔔，以及高麗菜、蘘荷、越瓜、小蘿蔔、山藥、牛蒡等季節性蔬菜，很有趣。關於米糠醃漬的詳細內容，寫在我的另一本著作《我家的漬物》中。

米糠床是活的，好好維護很重要。每天要將米糠充分攪拌，若有出水就要除去水分，還要經常添加生薑、大蒜、大豆、辣椒、山椒、青梅、鹽漬鮭魚頭等不同季節性的味道培育，使其味道的底蘊更深厚，就算醃漬同樣的蔬菜，也會有炎熱、寒冷，早上和晚上不同狀況下，變化差異到令人吃驚的程度。

而最能清楚知道米糠床是否處於良好狀態，就是用來醃漬茄子。若能將茄子醃漬出美麗的深茄紫，就代表米糠床處於良好狀態。另外，茄子是否新鮮，只要用米糠醃漬就一目了然。將看起來新鮮但其實已變老的茄子用米糠醃漬，顏色會變差，若是新鮮的茄子就能醃漬出良好的色澤。換言之，米糠床和茄子能相互映襯，顯現各自的優點。

有時，若米糠床溫度太高，儘管茄子和米糠床的狀態都很良好，也會有醃漬出來顏色卻很

★米糠加入鹽水混合成泥狀，用來培養乳酸菌做漬菜。

糟的情形。米糠床的溫度太高，會過於活潑地進行發酵，一天就會使茄子美麗的深茄紫變色。茄子很新鮮、米糠床也不差，為何沒變成漂亮的顏色呢？原因就出在米糠床的溫度，因此米糠床一定要擺放在陰涼的地方。我會在盛夏酷暑的日子，將米糠床放入冰箱。

同時，我家的米糠床會加入山椒果實、鮭魚骨頭等各種東西，不只會將它們攪拌混勻，還會補足鹽巴和米糠，並將周圍擦拭乾淨，做好溫度的管理。要以栽培生物般的心情來善待它，醃漬出來的東西才會變好吃。米糠醃漬真的是很誠實，用什麼態度對待，就會如實地醃漬出同樣的味道。

2 芝麻醬拌炸茄

切好的茄子用油炒久，吸收大量油分後會變得太油膩。若是以高溫很快地清炸，會較清爽，令人非常驚奇。

事先做好稍帶甜辣（甜鹹味）的芝麻醬汁，將剛炸好的茄子放入拌勻，就能做出一道適合夏天的美味芝麻涼拌菜。

芝麻要用黑芝麻。醬油裡添加的少許甜味，我會使用極淡的楓糖漿。當然也可用砂糖或蜂蜜。

清炸茄子時，你是否都在大型炸鍋中倒入滿滿的油一次就炸好呢？若一次放入大量的茄子，會使油的溫度下降，炸的時間反而變長，而且茄子吸油後會黏在一起，結果，炸好之後的善後反而變麻煩。

對那些覺得「清炸的茄子雖然好吃，但油炸料理就有點……」的人，在此提供一個獨家的炸法。這種炸法既簡單又確實。我用的是小型的深炸鍋。若有深一點的平底鍋也可以。將少量的油加熱到高溫，炸之前才將茄子切開、一個一個放進去炸。這樣，茄子一切開就立刻放入油裡，不需要撈除油沫，也不必泡水，步驟也短，不用擔心會噴油。由於用高溫、少量的油，立刻就能炸好，且能炸得清爽而不油膩。

當茄子炸到邊角的切口稍微變色、白肉帶點些許綠色、外皮的紫色變深時，就是該撈起的時機。不要錯過這個時機，迅速地撈起，因為茄子真的是一瞬間就炸好了。

將剛炸好熱呼呼的茄子，陸續放入事先做好的芝麻醬裡，裹滿醬汁，趁熱吃下肚。這是我最喜愛的料理之一。

料理時，步驟很重要。這道料理就是這樣，若在炸茄子時，芝麻醬還未準備好，好不容易炸好的茄子就糟蹋了。

（1）炒黑芝麻以手持式攪拌器（bamix 等品牌）或研缽充分磨碎，加入A調味料，調製成泥狀的芝麻醬。

（2）炸鍋裡放入可浸滿1個茄子分量的油，置於爐火上。

◎芝麻醬拌炸茄

【材料．4人份】

茄子 6～7個
炒過的黑芝麻 6大匙
A 醬油 2大匙
砂糖 2大匙（或是楓糖）
酒 2大匙
炸油 適量

＊炒過的黑芝麻若在家裡再稍微炒一下會更香。
＊砂糖依個人喜好調整。

（3）將②的油加熱到高溫（180℃以上），一方面除去茄子的蒂頭，切成4～6塊（依個人喜好任意切塊，或是縱切成兩半再斜切成片狀均可），切好後立刻放入油裡。

（4）當茄子的邊角炸到有點焦黃時立刻取出，快速瀝乾油分，馬上拌入①的芝麻醬。

（5）剩下的茄子同樣地一個一個放入油裡炸熟。當油量減少時，倒入足夠分量，再加熱到高溫繼續油炸（油量少，能很快變熱）。

炸好的茄子趁熱裹上芝麻醬，充分入味後會變得更好吃。深深的茄紫色，油亮的炸茄子裹上黑溜溜的芝麻醬，會成為一道非常時尚的料理。趁剛做好時，拌勻盛裝在黑色器皿裡，深茄紫與黑色的對比非常美麗，不只是黑色器皿，不論是盛裝在陶瓷、白瓷、織部燒陶器都很適合。

這是一盛好，就要趁熱呼呼時享用的一道菜。

3 鹹梅干燉茄子

這道飽含醬汁味道的燉茄子有濃厚的鄉土風味，會令人讚嘆它的美味。當然也可當作一道溫暖的燉煮料理，若是夏天，冰涼之後再吃也很美味。

◎鹹梅干燉茄子

【材料．4人份】

小圓茄 8～10個

鹽水
- 水 2杯
- 鹽 4小匙

湯汁
- 高湯（P.79）4杯
- 鹹梅干 4個
- 酒 4大匙
- 醬油 少許

青紫蘇 10～15片

＊圖→P.92

這次是使用整顆的小圓茄燉煮，但這道料理用任何品種的日本茄子都可以。若是長型或大型的茄子就切塊後再使用。市面上有各式各樣不同種類的茄子，鄉下也會有當地盛產的品種，任何一種都能拿來燉煮。

重點是在茄子表皮縱向劃出切口，使之充分入味，而梅子只能用以鹽巴醃漬的。美味的高湯中加入梅子的酸味，就能做出清爽的口味，因此絕對不能用甜的梅子。調味料也不用鹽巴，只加入一點醬油即可。

（1）只切除小圓茄蒂頭下的花萼，用菜刀縱向地每間隔0.5㎝劃一條切口。以嘗起來有點鹹的鹽水（5%）浸泡茄子約20分鐘，去除澀味。

（2）將青紫蘇捲起來，從邊緣開始切細絲，放入水中泡一下再瀝乾水分備用。

（3）鍋裡放入高湯、鹹梅干、酒和醬油，加入①的茄子，蓋上落蓋。一開始用大火煮，煮開時轉小火慢慢地燉煮30分鐘左右。

（4）放涼之後連同醬汁盛裝在器皿裡，鋪上②的青紫蘇絲。

若是盛夏，將茄子放涼後放入冰箱冰過再裝盤，吃起來會更加涼爽。想吃溫熱的，就在室溫下回溫後再稍微加熱。

在前面的「絞肉燉蘿蔔」（P.60）做法時已說過，燉煮料理變涼時會更加入味。就算想熱熱地吃，也要先在室溫下放涼，吃之前加熱後再裝盤，才能嘗到濃郁的燉煮料理。

這次是以茄子和鹹梅干燉煮，若煮成「蝦米燉茄子」也很好吃。蝦米泡脹後熬煮，能熬出很棒的高湯。味道不要加得太複雜，只用蝦乾或鹹梅干其中一種，或只靠美味高湯簡單熬煮，品嘗到的茄子的味道才是最棒的。

苦瓜

苦瓜之所以稱為「苦瓜」，就是因為具有獨特的苦味，正因為有這個苦味，我特別喜歡。雖然也有苦味較淡的苦瓜，但苦味恰到好處的才是真正的苦瓜。沖繩的山苦瓜炒什錦堪稱為代表性的料理，我個人則喜歡能凸顯出苦瓜苦味的吃法，例如生吃，或是和豬肉一起蒸，若用炒的就不是沖繩炒什錦的做法，而是運用辛辣味中和苦瓜的味道。大家一定會對以上任何一種吃法都「咦」的一聲，感到很訝異吧！

苦瓜的苦味就在漿質果肉裡，請將這個部分好好清除乾淨。好吃的苦瓜，外表是綠油油的深綠色，且表皮的凸起很飽滿，據說表皮凸起越小，苦味越重。苦瓜尖端變黃色時，就是過熟了。

苦瓜所含的維生素C比檸檬汁還多，而且是小黃瓜的5倍以上，因此很適合用來預防紫外線。由於主要產地都在沖繩、九州南部等紫外線非常強烈的地區，大自然真的很奇妙。

1 清爽的涼拌苦瓜

這道涼拌菜是這樣產生的。將苦瓜切得極薄，泡在冰水中變清脆後，呈現非常漂亮的綠色，因此產生想直接生吃的想法。

適合搭配苦瓜的蔬菜，就是正好碰上盛產季節的新生薑、蘘荷等和式香草，以及新洋蔥（紅洋蔥也是）。

先將這些蔬菜分別切薄片，浸泡在冰水中，使之變清脆。再將這些蔬菜盛裝在合適的器皿上，撒上大量的柴魚片，以醋和醬油調味。也可淋上個人喜歡的醬汁、橙醋、檸檬醬油等。就算在沒食慾的夏天，這道口味清爽的料理，也會令人拚命動筷子，大快朵頤。

●清爽的涼拌苦瓜

【材料．2人份】

苦瓜 1條
蘘荷 2個
新生薑 1塊
新洋蔥或紅洋蔥 ½個
三杯醋
- 醋 2½大匙
- 醬油 2½大匙
- 味醂 1大匙

（1）苦瓜縱切成兩半，用大湯匙將籽和漿質果肉挖乾淨，盡可能切成薄片後浸泡在冰水中10分鐘左右，使之變清脆。

（2）蘘荷縱向切成兩半，再縱向切薄片，新生薑也切薄片，浸泡在冰水中。

（3）新洋蔥或是紅洋蔥，沿著纖維切薄片，浸泡在①的冰水中使之變清脆。

（4）將①～③材料的水分充分瀝乾後，滿滿地盛裝在器皿裡，淋上三杯醋的材料拌勻。

挖除苦瓜的籽和漿質果肉時，將湯匙的握柄握短一點會比較容易上手。

【美味祕訣】推薦當下酒菜的苦瓜料理

苦瓜縱向切成兩半，將籽和漿質果肉清除乾淨，內側塗味噌後放在烤網上燒烤。當味噌烤得恰到好處時翻面，連正面的瓜皮也稍微烤一下。由於烤得恰當又留有嚼勁，加上味噌的香氣和味道與苦瓜很搭，很適合當下酒菜。這道料理讓我意外得知苦瓜與味噌如此搭調，進而思考味噌苦瓜的其他吃法。

不推薦使用甜味噌，若是用於味噌湯的味噌，可依個人喜好添加。只不過，烤好後不要切得太薄，至少切1cm以上的寬度，再漂亮地排在器皿上。

前幾天，好友拿出「米糠味噌醃漬苦瓜」請我吃。這是我第一次吃到，非常美味，也很適合下酒。

在好友家享用他們的家常料理，常會有非常有趣的新發現，能學到很多。

2 苦瓜蒸豬肉

一聽到「用酒蒸苦瓜」任何人都會露出有點驚訝的表情。

這是一道將苦瓜和豬五花肉或肩里肌肉等帶點油花的豬肉加酒後蒸出美味的料理。豬肉若切薄片很快就會蒸熟，若有時間就用豬肉塊。換言之，就是依狀況選擇豬肉的厚度與部位。

加入喜好的大蒜、味噌和香菜，就是一道很夠勁的料理。

（1）苦瓜縱切成兩半，去籽和漿質果肉，分別切成3～4cm寬，豬肉薄片切成容易入口

●苦瓜蒸豬肉

【材料・4人份】

苦瓜　2條

豬肉薄片　200g

酒　¼杯

味噌、大蒜泥、香菜　各適量

＊圖→P.94

的大小，一起放入耐熱容器，淋上酒。

（2）將①連同容器一起放入冒蒸氣的蒸籠裡，以大火蒸8～10分鐘。

（3）在蒸②的期間，將香菜洗淨、切成容易入口的大小，盛裝在器皿裡，與壓碎的大蒜和味噌混勻。

（4）②蒸好時，盛裝在容器裡，與③一起食用。

這道料理一開始並非這種形式，在我不斷改良下，好不容易才變成現在的調理方式。一開始是從冬瓜與豬肉塊一起蒸煮出來的料理得到靈感，由於豬肉與苦瓜也很搭，這道苦瓜蒸豬肉就成為我家夏天餐桌上頻繁出現的一道菜。

那段期間，我經常前往越南，因此很愛用以小魚發酵做成的魚露。「魚露苦瓜鑲肉」就是使用魚露的料理之一。不過，我喜歡的魚露，日本已不進口，不知不覺中就用「苦瓜蒸豬肉」取代「魚露苦瓜鑲肉」。

3 辣炒苦瓜豬肉

也有將苦瓜下鍋炒，做出聞得到辛辣味的中東風料理。這是將苦瓜的苦味與辛香料強烈的香氣搭配得很好的一道菜。

● 辣炒苦瓜豬肉

【材料．4人份】

豬肩里肌肉 200g
苦瓜 2條
醃漬液
初榨橄欖油 2大匙
大蒜泥 1瓣
鹽、胡椒 適量
小茴香粉 1小匙多
香菜 1小匙多
紅辣椒粉 $1/2$小匙
丁香粉 $2/3$小匙
4種辛香料或是咖哩粉 適量
鹽 適量

（1）將4種辛香料（小茴香、香菜、紅辣椒粉、丁香）混入初榨橄欖油、大蒜泥、鹽和胡椒中調製成醃漬液。
（2）豬肩里肌肉浸泡在①的醃漬液中。
（3）苦瓜縱向對半切開，挖出裡面的籽和漿質果肉，切成1㎝左右的厚度。
（4）平底鍋加熱後，將②的肉兩面稍微煎一下再加入③的苦瓜翻炒，中和肉的辛辣香味，接著再加入和①一樣的辛香料或咖哩粉繼續炒。
（5）加點鹽巴調味即完成。

這道辣味炒菜，將肉和苦瓜一起吃會辣勁十足，非常好吃。

苦瓜是在熱帶地區生長的蔬菜。沖繩當然是產地，連在東南亞也是日常餐桌上常見的食材。印度也有「苦瓜咖哩」的做法。至於中東，我並不知道是否有栽培苦瓜，但苦瓜嘗起來很適合拿來做中東料理。

不只是苦瓜，美食其實是能跨越國界，不斷推廣到世界各地的。

試著用中東的辣炒方式，苦瓜的苦味會更加明顯，尤其是用咖哩粉、小茴香、香菜等辛辣香料調理，苦瓜會變好吃。

順便提一下，苦瓜的美味就在於它的苦味。雖然有人很討厭苦的苦瓜，但我對於不苦的苦瓜則完全不感興趣。

玉米

沐浴在烈日下、結出甜美果實的玉米，是象徵夏天的蔬菜。最近的玉米，總覺得比以前的更甜。新鮮的玉米，外皮是亮麗的綠色。若玉米鬚呈茶褐色，就代表玉米已充分成熟。

玉米採摘後，新鮮度下降得很快，因此日本有句古語是「玉米須在田裡現煮」。常溫狀態下採收的玉米，24小時後營養就會減半，甜度也會降低。因此，希望大家一拿到就盡快煮熟或蒸過。加熱前才剝除外皮，水煮時，等水滾後煮3分鐘再關火，取出放在竹簍上，或是以充滿蒸氣的蒸籠連皮一起蒸10分鐘，撒鹽巴後再吃。由於用蒸的味道更香濃，所以我喜歡蒸的玉米。

如果無法立刻加熱，可連皮一起用保鮮膜包起來冷藏保存，最好在當天或隔天就將它用完。

加熱後不會立刻拿來吃時，就切成圓片或是將玉米粒剝下來密封冷凍保存，可以保存較久，運用於各種料理中。

最近，透過網路販賣或在道路休息站、高級超市等地方吃到生鮮玉米的機會增加，似乎很受歡迎。這些都是在乾淨土地上，以完全有機栽培方式培育的玉米，特徵是味道超級甜。當然加熱後也很好吃，但生吃會有清脆的口感，而且甜味明顯。

1 新鮮玉米泥

若買得到可以生吃的新鮮玉米，就用來製作玉米泥。將生鮮玉米粒放入攪拌器或攪拌機裡攪打，不加任何其他材料，直接打成泥狀，攪打至仍可吃到一些玉米皮程度的口感是最美味的。可以直接就這樣吃，若淋少許的初榨橄欖油與鹽更能引出玉米的香味。

做玉米泥的玉米當然要用生吃專用的玉米，但價格會偏高。其實用一般的甜玉米，只要是很新鮮的，也能做出既鮮甜又美味的玉米泥，但必須注意新鮮度。做法很簡單，只須將生玉米粒剝下來放入攪拌器或攪拌機裡攪打，不過玉米粒不容易剝下來，在此先說明一下。

（1）玉米去皮，將玉米鬚成束拿著拔除。

（2）先將玉米的長度切成一半，接著縱向切成四等分，切成月牙形。

（3）以刀刃長又直的刀子沿著玉米的弧度下刀，用力地往下切，玉米粒就會一粒粒脫落下來，再將這些玉米粒放入攪拌器或攪拌機裡打成泥狀。當攪拌器或攪拌機有點打不動時，可加水繼續攪打。

（4）盛裝在器皿裡，淋上初榨橄欖油與鹽巴。

有趣的是，從玉米芯剝下玉米粒時，只要玉米夠新鮮，刀子沿著芯的弧度插入，玉米就能一粒粒脫落下來。但是，若是煮過或蒸過後用同樣的方法，玉米粒會整排黏在一起地剝落。將整排黏在一起的玉米粒裹上麵衣，就能做成「玉米天婦羅」。

●新鮮玉米泥

【材料．4人份】

玉米　3條

初榨橄欖油　少許

鹽巴　少許

＊圖→P.96

以前，甜的生鮮玉米在日本很受歡迎，曾經流行過一段時間。

我在祕魯旅行時，在古都庫斯科附近曾喝過一種名叫「Chicha Morada」的生玉米飲料，是將當地採收的紫色玉米粒放入攪拌器中做成的，非常好喝。不是什麼特別的東西，到處都有賣，若比喻成日本的飲料，就像茶一樣普通吧！我很喜歡它天然的淡淡甜味，味道是很有深度的。

2 炸玉米餅

玉米盛產季節，經常會出現在餐桌上的餐點就是玉米飯（參考③）和炸玉米餅。微甜的炸玉米餅真的非常美味。

炸玉米餅可以只放入玉米，炸得小巧可愛，或是加蝦仁或干貝一起炸，都非常可口。若是做成一般的家常菜，和小魚或櫻花蝦一起油炸會很香，或者混入小塊的地瓜，更受小孩的歡迎。玉米非常適合拿來當油炸的材料。

炸玉米餅要做得美味，重點在於麵衣，加入麵粉後快速地攪拌，不要攪拌得太黏稠，而且麵衣不要太多，才能炸出素材的美味和酥脆的口感。

玉米餅的外形，可依個人的喜好，做成圓球或是扁平狀。通常我是用稍大一點的湯匙舀起混有麵衣的玉米粒，放入中溫的油裡炸。這樣炸玉米餅很省事，吃的時候也不需要天婦羅沾

●炸玉米餅

【材料．4人份】

玉米 1條

蛋 1個

麵粉 4大匙

炸油、鹽 各適量

醬，就算不加鹽巴也很好吃。剛炸好的玉米餅熱呼呼地吃，沒有比這個更美味的了。

（1）將玉米粒刮下來，放入碗裡，打入蛋後充分混勻，再加入麵粉快速混勻。

（2）用湯匙將①舀入170℃的炸油中，炸到恰到好處時，依個人喜好撒鹽巴。

炸玉米餅放涼後也很好吃，建議可當便當的菜餚。

3 玉米糙米飯

玉米現在被歸類為蔬菜，但在古文明時代，是與米、小麥並列為具代表性的穀物。據說中南美的馬雅文化、阿茲特克文化等都是以玉米為主要糧食作物而發展的區域。由於具有這樣的歷史淵源，將同屬於禾本科的玉米與白米一起料理，並不會有任何突兀之處。

玉米糙米飯的做法有很多種。可將玉米和米一起炊煮，或是在煮熟的飯裡混入煮好的玉米，或是做成奶油風味的玉米燉飯也很好吃。米可以用白米或糙米，或加入五穀雜糧米，配合季節與氣氛來炊煮，就能品嘗到美味的米飯。

有時，以土鍋炊煮，連土鍋一起端上餐桌，掀開鍋蓋時的飯香，會令人大聲地歡呼。

這裡要介紹的是使用KamuKamu鍋和壓力鍋煮出Q彈、蓬鬆的玉米糙米飯的做法（壓力鍋的用法會因機種而有些不同）。

（1）玉米蒸或煮過之後，將玉米粒刮下來。

（2）將糙米清洗後放入 KamuKamu 鍋內，加入同等量的水。連 KamuKamu 鍋一起放入壓力鍋內，倒入水至 KamuKamu 鍋一半的高度，蓋上鍋蓋。

（3）一開始以大火煮②，當壓力開始上升發出咻咻聲時，繼續加熱2～3分鐘，再轉小火炊煮55～60分鐘。

（4）關掉③的爐火後，馬上將蒸氣釋放，再掀開鍋蓋。剛炊煮好的糙米與①的玉米混勻，輕輕撒上鹽巴。

（5）將加入玉米的糙米飯盛裝在器皿裡，淋上初榨橄欖油。

此外，若想更簡單地做出玉米飯，也可不用糙米而用一般的白米，一樣將白米煮熟後加入玉米和少許的鹽巴混勻即可。我會用這種飯做成飯糰給孩子帶便當，孩子都很喜歡。

【美味祕訣】玉米很適合當點心

玉米簡單煮過，稍微塗上味噌放在烤網上燒烤，小時候，母親經常做這道點心。烤玉米既美味又耐餓，比任何零嘴甜點都要好。當時我以為玉米只加了味噌，後來才知道也放了很多醬油。

◎玉米糙米飯

【材料・4人份】

糙米　2杯

玉米粒　2杯

水　2杯

初榨橄欖油　適量

鹽巴　少許

＊KamuKamu 鍋是一種可放入壓力鍋的內鍋。用這種鍋，糙米會煮得既Q軟又蓬鬆。

＊圖→P.97

我不太用微波爐，但如果沒時間烹調時，會將玉米連皮一起用保鮮膜包起來，以微波爐加熱6～7分鐘，再剝去外皮，就能吃到很香的熟玉米。

伍

沒料想到卻意外美味的蔬菜

做家常菜時，立即會想到的蔬菜就是小黃瓜和青椒，例如小黃瓜常做成「醋拌小黃瓜海帶芽」、青椒常做的「青椒鑲肉」等。但若被問到除了這些料理以外還會想到什麼，還真想不出來。

在此要介紹除了小黃瓜、青椒之外，也嘗試用香菇、櫛瓜等做些不同於平常的美味料理。「為什麼會做出這樣的料理呢？」也同時聊聊有關這些料理的構思來源。

自行研發一些美味的料理，對我而言也是愉快的作業。

小黃瓜

小黃瓜最重要的就是新鮮、水嫩。由於百分之九十五都是水分，一旦放久，水分就會漸漸蒸發，新鮮清脆的口感和滋味也會下降得很快。

因此，小黃瓜要購買新鮮度佳的。最近，也有表皮無凸起的品種，一般選小黃瓜都是選擇凸起尖銳到摸起來會有點刺痛的，而且最重要的是要盡快用完。小黃瓜不耐乾燥和低溫，就算保存在冰箱的冷藏室，也會很快就出現損傷。若要保存，就要用鹽醃漬或是在太陽底下曬乾後存放。

用鹽醃漬時，通常是將小黃瓜整條或切成一半後全部撒上鹽巴，裝在容器中放入冰箱冷藏室，或者切成薄片再撒鹽醃漬。整條醃漬的就成為漬物風味菜，切成薄片的則要輕輕擰乾水分，直接做成沙拉或涼拌菜。醃漬的比例是100g小黃瓜用1小匙鹽，可以保存3～4天。

若用太陽曬時，斜切成5㎜厚的薄片，不重疊地攤開放在竹簍上。陽光強烈的夏天要曬2～3小時，若是冬天就要曬將近一天，直到有點乾癟的半乾狀態。建議用網目粗的竹簍，若使用網目較密的竹簍，需要時常上下翻面。網目粗的竹簍，就可以省下這道工夫。

曬乾的小黃瓜除了做成涼拌料理，也可以拿來炒或炸，由於已脫去水分，很快就會熟，還可嘗到獨特的咬勁和具存在感的味道。

使用新鮮的小黃瓜時，為除去特有的青澀味和多餘的水分，會適度預先調味，因此在做沙拉或涼拌菜前，我一定會用鹽巴搓揉。不規則切塊或切成稍厚片狀的小黃瓜，撒少許的鹽搓揉、靜置一下等出水後擰乾。切成極薄的薄片時，用鹽巴搓揉會碎裂，可先浸泡在鹽水裡，待瀝乾水分後使用。

學會小黃瓜用鹽搓揉和曬乾的方式，即能廣泛用於各式的料理，種類多到令人驚訝。

1 小黃瓜三明治

這是我家常做的基本款三明治。小黃瓜三明治常出現在英國下午茶中，但英國的小黃瓜長得像苦瓜般長又粗，對於已習慣日本小黃瓜的我來說，並不太好吃。因此，只是切片夾在三明治當中，總覺得不太合適。

就算同樣用日本的小黃瓜試做看看，也總覺得哪裡不太對。有次，試著夾入搓了鹽的小黃瓜，才變好吃。小黃瓜的切法、搓鹽方法、夾麵包方法等漸漸改良之後，才固定成為現今的形式。

除了分量感，也想保有小黃瓜咬起來喀嗞喀嗞響的口感，此外，一直很討厭在柔軟的麵包裡加入小黃瓜籽與其周邊果凍狀的部分，因此我會將籽全部去除，切成薄片以鹽巴搓揉，就會變得彈牙、清脆，口感非常好。

● 小黃瓜三明治
【材料．2人份】
小黃瓜　6～7條
鹽巴　1大匙多
吐司　4～6片
無鹽奶油　適量
＊鹽巴的分量是100g小黃瓜加1小匙的比例

不只是小黃瓜，任何蔬菜只要用鹽巴搓揉，分量都會減少，能攝取的量相當驚人。這種三明治也是，1份吐司（2片）中竟然可以夾入2～3根的小黃瓜。製作起來雖然麻煩，但吃起來卻很美味。

小黃瓜用鹽巴搓揉會漸漸出水。因此，要以乾淨的白布徹底擠乾。盡可能使用去漿、曬過的白紗布。要以擰得很緊的感覺擰乾。而且我不止擰1、2次，而是4～5次。

水分很多的小黃瓜，一有損傷就會開始腐壞。趁新鮮先擠出水分，香味和口感都會變好。最後，夾入麵包前再次擰乾水分。餡料就只用小黃瓜，這就是只夾鹽漬小黃瓜的三明治。

（**1**）小黃瓜縱切成兩半、去籽，斜切成薄片放入碗裡。

（**2**）撒入相當分量的鹽，輕輕用抓的方式搓揉，靜置15～20分鐘後充分擰乾滲出的水分。

（**3**）在4～6片三明治用的薄片吐司上塗滿奶油，在2～3片上滿滿鋪上②的小黃瓜。

（**4**）做出2～3份的三明治用保鮮膜緊密包起來，靜置10分鐘，使之入味。

（**5**）每份三明治分別切成四等分，盛裝在器皿裡。

這道三明治的另一個重點，就是要塗滿好吃的奶油。奶油若不好吃，整個三明治的味道就會變差。一下子就吃完的三明治，卻是很費工夫做成的。不過，只要做過一次，就會令人想要再做。

2 小黃瓜炒蛋水餃

我曾在中國天津隨便走進一家不知名的餃子館，當然就點了水餃。餃子非常美味，令我很驚訝。

在日本，一提到餃子就會想起煎餃，但堪稱為中國庶民食物的餃子則是以水餃與蒸餃為主。那家店就像當地人常去吃的普通餐館，因此我以為水餃也會很普通。

不太記得裡面的小黃瓜是否有搓鹽巴，但餃子皮裡包蛋和小黃瓜，沾著醋吃，味道特別美味。

除此之外，還有包絞肉的水餃，在番茄、絞碎的魚肉裡加入香菜的餃子，以及包有茼蒿等青菜味道濃郁的餃子等，種類很多，不論吃哪一種，裡面的餡料都是我喜歡的，心情非常愉快。

中國人在點餃子時都是喊「１斤」或「２斤」，我曾搞不清楚「這是怎麼一回事」，原來是指用１斤麵粉做的餃子。通常１斤麵包會用２５０～３００g的麵粉，而餃子也是從大盆子裡甩麵團做出來的。儘管只有一個人，也有人訂１斤餃子，怎麼看都不像吃得完的樣子。大家都是裝在塑膠袋裡帶回家。我想，他應該是回家後再煮來吃吧！幾乎每個人都是如此理所當然地買餃子。

我在天津待了一星期左右，總覺得臉好像腫了一大圈，心想：「麵食雖然好吃，每天都這

○小黃瓜炒蛋水餃

【材料．30個】

小黃瓜 4條

鹽 1大匙

蛋 4個

鹽、芝麻油 各少許

餃子皮（小的）30片

沾醬
- 醬油 3½大匙
- 醋 1½大匙
- 芝麻油 1大匙
- 大蒜泥 1片分量
- 豆瓣醬 1小匙

＊圖→P.98

樣吃，就會變這樣嗎？」因拍攝影片工作停留在當地，後來甚至被工作人員嘲笑說：「最初的畫面和最後的畫面，臉變得不一樣。」餃子雖然好吃，但請注意不要吃太多！

（**1**）小黃瓜切成3㎜厚的薄片，用鹽巴搓揉。以乾淨的白布充分擰乾水分。

（**2**）蛋加少許的鹽打成蛋汁，倒入抹了一層薄油的平底鍋裡炒成炒蛋。

（**3**）餃子皮上均勻地鋪上①和放涼的炒蛋②，在皮邊緣抹少許的水，不讓餡料露出來地將餃子皮對摺，壓緊邊緣使其黏合。

（**4**）將包好的10個水餃③一一放入滿滿的熱水中，以中火煮熟。餃子浮起來時再煮2～3分鐘，煮好後連同煮的湯汁盛裝在器皿裡，一旁放沾醬。剩下的餃子也是同樣的煮法。

若連同湯汁一起盛裝到容器裡就趁熱享用。

包餃子時，我家是從皮擀起，但這道小黃瓜炒蛋水餃的皮必須很薄，會使用市售產品，因為自己擀的餃子皮會有稍厚的部分。餃子的餡料裡也可放入1個小番茄，味道會更清爽，顏色也會很漂亮。

3 豬肉小黃瓜

我製作曬乾蔬菜的資歷超過30年以上。原本為何會將蔬菜曬乾呢？先從這個契機談起吧！

每天站在廚房做料理，蔬菜一定會有剩，因此一直設法想將剩下的蔬菜保存得美味又長久，一開始是用燙熟，然後冷凍起來的方式，或是做成醃漬料理。可是，不論哪種方式都吃不了那麼多。有次，偶然看到義大利的半乾番茄，於是想出曬乾的方法。

看過半乾番茄之後，才覺得半乾狀態很好，不會像日本的香菇乾和蘿蔔乾那麼乾且硬。食材裡若還殘留著水分，就算不泡開也能立刻使用，更棒的是體積縮小後能吃得很多。還有，食物經太陽曬過後產生獨特的口感，會變好吃。

現在，我會將各種蔬菜曬乾後使用，起初是香菇和蘿蔔，然後是小黃瓜。以前，曾看過日本古書中有江戶料理的「瓜之雷乾」做法，覺得很有意思。所謂的「雷乾」就是將瓜類的皮削成螺旋狀後掛在屋簷下風乾，由於形狀看起來像打雷閃電，因此被冠上這個名稱。名稱的由來眾說紛紜，也有相傳是因為曬乾後的模樣很像雷鼓的圖案。每年做出瓜之雷乾後，都很享受那種咬起來的口感，因此很確信「小黃瓜曬乾也絕對會好吃」。

曬乾的小黃瓜，原有的瓜味會濃縮，吃起來更齒頰留香。和同樣曬乾的芹菜一起涼拌二杯醋或三杯醋，或是淋醬汁都很美味。

若是下鍋炒一下，也會是好吃的菜。曬乾的茄子等蔬菜不論怎樣烹調都好吃，例如曬乾的

●豬肉小黃瓜

【材料・4人份】

小黃瓜 4條

豬肉薄片 100g

大蒜 1片

芝麻油 2大匙

A 醬油 1大匙
酒 1大匙
胡椒 少許

小黃瓜炒豬肉薄片就是最下飯的菜，推薦給大家。總之，小黃瓜雖然常拿來生吃，一旦嘗過這道炒菜，就會對炒過的小黃瓜著迷。

（1）小黃瓜斜切成0.5㎝厚的薄片，若是夏天就曬太陽2～3小時。

（2）豬肉切成1～2㎝寬，大蒜切碎。

（3）將芝麻油在平底鍋裡加熱炒大蒜，炒出香味時加入②的豬肉後炒至酥脆，再加入A的調味料調味。

（4）加入①的小黃瓜，快速炒香混勻。

整體的調味除了醬油外，還可以加入鹽、胡椒或是生薑一起炒，以醋醬油調味也可以，調味可依個人喜好。

總之，炒小黃瓜料理時，若要加鹽巴，就要先去除水分。若直接拿來炒，即使調味也只有淡淡的味道，不會有飽滿的口感。因此，小黃瓜用炒的就要用鹽巴搓揉後擰乾水分，或是曬乾後將水分脫乾。若能花點工夫做好事前準備，就能品嘗到清爽的口感，炒出來的味道也會恰到好處。

青椒

我從小就非常喜歡青椒。大概是因為這樣，從未注意過家裡的菜經常出現青椒料理，因此常被人說「妳很喜歡青椒吧」。

一袋青椒有好幾個，很多人都沒辦法一次就用完，我卻常一次就用完一、兩袋。我不會隨便混合很多的素材，只會用青椒或是將1～2樣材料混合使用，以醬油和味噌調味，就成為很下飯的菜。

有時，我會將青椒切細絲做成沙拉生吃或是用烤網燒烤，但更常做成能嘗到清脆感、有獨特青蔬香氣與自然甜味的料理。由於青椒料理簡單又容易，因此經常出現在我家餐桌上。

1 醬爆青椒

一般好像不太常見只放青椒的醬爆菜，其實用來當配飯的小菜非常美味，而且能因此吃下多到令人驚訝的程度。

將青椒縱向切開時，避開蒂頭，從上往下地劃開青椒皮般刺入刀子。縱向劃6～7刀後將皮取下來，剩下的籽和蒂頭丟進垃圾桶裡。用這種切法，能不費事地去除帶有很多籽的部分，青椒籽也不會四處飛濺，不會弄髒砧板。

要將青椒切細絲時，可直接將青椒塊拿來用，或是用菜刀切得更細也可。就算切進一些籽也沒關係。

我平常都用橄欖油，但醬爆青椒時，會用芝麻油或是初榨橄欖油。在鍋裡將油加熱後放入青椒，一旦爆香，青椒顏色會立刻變鮮豔，此時放入醬油，將青椒煮到軟嫩。依個人喜好，也可以加點酒。基本上，我只會用醬油調味。如此醬油、青椒和油渾然融為一體，會變得非常好吃。連適合醬爆青椒的七味辣椒粉等都很少加入。這樣才能愉快享用到青椒獨特的辛香味。

（1）青椒分別縱切成6～7塊，去除蒂頭和籽。

（2）在鍋裡將油加熱，放入①的青椒以大火爆炒。當顏色變鮮綠時，將醬油繞圈加入，所有的材料迅速炒勻後起鍋。

青椒是從不辣的辣椒改良而成，若是喜歡吃辣，就要放入和青椒同種的青辣椒或京都萬願寺的辣椒一起炒才會好吃。信州的傳統蔬菜中有種「牡丹椒」，將它用同樣的方式料理，也很美味。辣中帶甜，好吃到令人上癮。

● 醬爆青椒

【材料．2人份】

青椒　10個

芝麻油或初榨橄欖油　1大匙

醬油　2大匙

酒（依個人喜好）少量

② 炒味噌青椒蘘荷

「炒味噌青椒茄子」是一道極大眾化的料理，但蘘荷和紫蘇等具辛香味的蔬菜，也與青椒很搭。蘘荷是我最喜歡的辛香味蔬菜之一，當令季節時會隨心所欲使用，將它整個醃漬在甜醋裡，或是用烤的，或是切碎來炒菜。平常總是扮演配角的蘘荷，在這道炒味噌料理中和青椒同樣成為主角。

蘘荷不要切太碎，每個切成兩塊左右。這是將個性鮮明的兩樣蔬菜，用味噌調味做成的料理，能恰到好處地消除蔬菜的青澀味而炒出味噌的香氣。油不論是用芝麻油或初榨橄欖油都可以。炒的時候，若只加味噌會很難入味，要加點酒，使味道充分調和在一起。青紫蘇若加熱，香味和顏色都會變差，因此要最後加入，或是裝盤後在最上面加一大撮當裝飾。

（1）刀子縱向刺進青椒，從蒂頭往下切成2～4塊，去除蒂頭和籽。蘘荷縱向切成兩半，青紫蘇切大塊或用手撕開。

（2）將油在鍋裡加熱，炒①的青椒和蘘荷。炒到所有材料都油亮亮時，加入味噌拌炒，炒出香氣之後加酒，最後加入①的青紫蘇快速炒勻後起鍋。

● 炒味噌青椒蘘荷

【材料．4人份】

青椒 5個
蘘荷 5～8個
青紫蘇 20片
芝麻油或初榨橄欖油 3大匙
味噌 3大匙左右
（依味噌的鹹度）
酒 1½大匙

3 燉青椒南瓜

這道燉煮料理是使用整個青椒做出來的，請用小一點的青椒，會令人真實感受到夏天的一道料理。

將堪稱是蔬菜中營養價值最高的南瓜與飽含耐熱維生素C的青椒搭配在一起時，就算是酷暑也能有效地消暑，讓人元氣大增。

若是小型青椒，可以不去籽，整個放下去煮。若是很大顆的，就切成一半並去籽。這是在一個鍋裡陸續放入材料和調味料，就能簡單完成的燉煮料理。

●燉青椒南瓜

【材料．4人份】

南瓜 300g
青椒 10個
芝麻油 3大匙
砂糖 3大匙
醬油 3～4大匙
酒 3～4大匙

（1）南瓜去籽和纖維，削去部分外皮，切成5～6等分。

（2）青椒要整個使用，在蒂頭劃出一圈切口，將蒂頭連同籽一起拔出來去除。

（3）芝麻油在鍋裡加熱，放入①的南瓜炒香。當南瓜全部變得油亮時移到一旁，空出來的地方放入②的青椒輕輕翻炒。

（4）南瓜上撒砂糖，加入醬油和酒，蓋上落蓋，以中火燜煮。南瓜煮軟時關火，燜一下再盛裝到器皿裡。

就算關火後也不要馬上盛起來，就這樣燜一下會更入味而變好吃。此外，這道菜放涼後也很美味，是適合夏天的燉煮料理。

櫛瓜

外觀看起來像黃瓜，但其實是南瓜的一種。加上營養價值和南瓜一樣高，也沒有澀味，而且是卡路里低的蔬菜，因此櫛瓜的人氣每年都持續上升中。

原產地在南美，但傳到歐洲之後就成為義大利和法國等地經常使用的蔬菜。最近在日本，除了廣受歡迎的綠色櫛瓜外，也有黃色、深綠色、黑色的品種。黃色櫛瓜比其他種類的皮更光滑且柔軟，吃起來的口感有些不同。

櫛瓜是依新鮮度、味道會有很大變化的蔬菜，購買時除了要看表皮的彈性與光澤度外，也要檢視蒂頭和瓜尾的部分。若新鮮度下降，會從底部開始變乾癟。底部周邊要有彈性，蒂頭的切口水嫩的才是新鮮的櫛瓜。

調理時，雖然要切除蒂頭和底部，但任何品種都可不用削皮直接食用。

櫛瓜和橄欖油等油類非常搭調，用油調理就會增加香氣和美味。

① 櫛瓜沙拉

基本上，櫛瓜是要加熱後吃的蔬菜。就算是義大利的一般家庭，也不太會生吃櫛瓜，但我曾經在某餐廳嘗過一道在生的櫛瓜上大量擠入檸檬汁的前菜，非常好吃，因此也試著用櫛瓜做出獨具一格的新鮮沙拉。

櫛瓜用來生吃時，選購上很重要。若是用小型、幼嫩的櫛瓜會非常好吃。櫛瓜漸漸成熟就會有扎實飽滿的口感，但幼嫩時較清脆。若要享受這種咬勁，要切成細絲品嘗，就算生吃也很好吃。

將幼嫩的櫛瓜切細絲，加入初榨橄欖油和鹽漬酸豆，大量擠入檸檬汁，就能品嘗到新鮮的美味。

（1）櫛瓜清洗後擦乾水分，去除蒂頭和底部，切成5～6cm長，分別橫放後切成薄片，再盡可能將全部慢慢切成細絲。

（2）將①的櫛瓜滿滿裝盤，撒上酸豆和初榨橄欖油。

（3）要吃的時候再用力擠入檸檬汁，輕輕攪拌均勻後享用。也可依個人喜好撒入少許的鹽和胡椒調味。

這是只有蔬菜的簡單沙拉，若要做成稍微豐盛一點的主菜，添加煙燻鮭魚也很相襯。若再加入新鮮的番茄和泡過冰水的洋蔥，不但分量十足，色彩也更加豐富。

南瓜通常是完全成熟後才採收，櫛瓜則是開花後一週內採收。若是幼嫩、新鮮的櫛瓜，就算生吃也很好吃。但若是擱置一段時間的櫛瓜，就要拿來蒸熟或是用烤的、炒的、炸的方式加熱，會比較美味。

●櫛瓜沙拉

【材料・4人份】

櫛瓜（幼嫩的）　3條
酸豆（鹽漬的）　適量
初榨橄欖油　適量
鹽、胡椒（依個人喜好）　各少許
檸檬　1個

＊圖→P.101

2 烤櫛瓜

櫛瓜用烤的時候，不論是用烤網或是平底鍋烤都可以，但要烤得好吃，重要的是切法和烤的火候。

一般是將櫛瓜切成圓片狀後用烤的或炒的，盡可能切大塊一點，而且在吃的前一刻再下刀切塊會比較好吃。

烤的方式是以較大的火快速烤熟，且烤到帶點咬勁的程度。

（1）櫛瓜洗淨後擦乾水分，去除蒂頭和底部，縱切成一半。

（2）用烤網烤或是在抹了一層薄油的平底鍋裡，用強一點的中火，將皮和果實的兩面稍微烘烤。

（3）烤好時裝盤，輕輕撒鹽，以刀叉切成容易入口的大小享用。

縱切成一半後直接烤，烤好後再自行切開來吃，能充分品嘗到櫛瓜的美味。和切成一口大小後再烤的味道，完全不一樣。櫛瓜若晚一天採收，就會長大成熟很多。若是幼嫩的櫛瓜，只要稍微烤一下就可以。

在義大利一提到櫛瓜料理，多半都是採用這樣的做法：在挖空的櫛瓜中塞入切碎的蔬菜和起司或絞肉後加熱，或是在櫛瓜中塞入起司與絞肉，用蒸的或炸的。義大利的櫛瓜，果肉很結實不容易煮碎，適合這樣料理，但日本的櫛瓜就很難用這種方式。在日本品嘗櫛瓜，我喜歡採

●烤櫛瓜
【材料．4人份】
櫛瓜（幼嫩的）4條
初榨橄欖油 適量
鹽巴 少許

用適合日本櫛瓜的簡單調理方法，即用烤的或蒸煮的。

3 櫛瓜加夏季蔬菜燉菜

在長野縣的國道車站，可看到細長形或圓形等各式各樣的櫛瓜。六至八月的盛產季時，和同一時期大批上市的夏季蔬菜一起，以油或加湯燜煮等方式稍微煮一下，就能充分品嘗到和做成沙拉或用烤時不同的季節美味。

將各種喜歡的夏季蔬菜切大塊後放入鍋裡，加入喜歡的香草、鹽和胡椒，若是加油燜煮就加入初榨橄欖油輕輕混勻，若是用湯燜煮就加湯，蓋上鍋蓋慢燉即可，做法極為簡單。

用油燜煮時，只要加熱，蔬菜就會慢慢滲出水分，因此不需要加水。若是擔心用薄的鍋子會燒焦，加1～2大匙的水即可。建議盡量用厚的鍋子，不要加水。

之前已說過，若是盛產的夏季蔬菜，依照自己喜歡的放入燜煮即可，除了櫛瓜和紅蘿蔔之外，大家會常拿來燜煮的蔬菜還有番茄、茄子、洋蔥等。有時也會出現青椒、紅椒、四季豆、南瓜。若加入辣椒，會使味道帶點辣勁也很美味。

（1）蔬菜分別切成一口大小（茄子要泡水），大蒜以刀腹壓碎。

（2）在厚鍋裡加入①和香草，撒鹽輕輕混勻，大量淋上初榨橄欖油（用湯燜時就加

◎櫛瓜加夏季蔬菜燉菜

【材料．4人份】

櫛瓜　2條
茄子　2～3個
洋蔥　1個
番茄　2個
大蒜　2片
香草（月桂葉、百里香等）　適量
初榨橄欖油　3大匙
鹽巴　適量
粗粒黑胡椒　適量

＊香草不一定要用新鮮的，也可改用乾燥的混合香草粉（百里香、羅勒、鼠尾草、奧勒岡、迷迭香等），加1小匙即可。

湯），蓋上鍋蓋將蔬菜煮到變軟。最後依個人喜好撒入粗粒黑胡椒。

以上可說是很基本的、極輕鬆就能用油燜煮的步驟。

法國的普羅旺斯燉菜和義大利的西西里燉菜也是將數種蔬菜用油燜煮。普羅旺斯燉菜是將蔬菜炸過後燜煮，煮出來的味道會比西西里燉菜濃郁。兩者都是加入數種夏季蔬菜和調味料（個人喜歡的香草、大蒜、鹽等），蓋上鍋蓋以小火燜煮20分鐘左右就能完成的料理。

此外，西西里燉菜中還會加入橄欖和酸豆、辣椒，有時還會加巴沙米克醋調味，但不管哪種燉菜，都是加入好幾種蔬菜，充分煮出蔬菜美味的調理法。

香菇

新鮮香菇是我們身邊最常見的菇類之一，卡路里很低卻充滿香味，是一種美味又健康的食材。只不過，老是扮演在旁邊賣力的角色，似乎很少成為料理的主角。在此，要特別介紹將它做成主菜的料理。

香菇，請選擇菇傘厚實、充分向菇蒂彎捲的。菇蒂粗又短的是良品。香菇傘面張得很開，傘下的皺褶有變色的就不新鮮，要避免選用這樣的香菇。

使用時基本上不需要水洗。若用水沖洗，會降低它的味道和營養，特有的風味也會消失。髒汙就用調理用刷子或乾淨的白布輕輕刷掉，或是用濕的廚房紙巾擦乾淨。

擦掉髒汙後的香菇要先去除菇蒂硬梗。菇蒂硬梗就是指菇蒂根部較硬的部分。用菇蒂也能煮出好高湯，因此要留下菇蒂。帶菇蒂的生鮮香菇，先在菇傘中央劃出切口，再用手往下撕開，如此菇傘就會帶著菇蒂。用撕開的香菇做出來的菜，會比用刀切開的更具有咬勁。

只使用菇傘時，就將菇蒂摘掉後使用，但若將摘下來的菇蒂撕成細絲，加入炊煮的米飯或是當湯、絞肉料理中的材料，會變得很好吃。

生鮮香菇即使冷藏保存，也放不了太久，最好盡早用完，若要保存得久一點，須先放在通風處風乾。或者，將香菇連同菇蒂一起撕開，或是去除菇蒂後將菇傘面朝下攤放在竹簍上，曬一天左右的太陽。如此曬乾後冷凍保存，可保留其美味，存放將近一個月。

① 烤香菇山藥泥

我喜歡的菇類料理中有「烤菇」。香菇、舞菇、杏鮑菇等任何菇類燒烤，都會香氣倍增而更加美味。通常是在烤菇類上面淋磨成泥的山藥來吃，我家對美味很講究，還會在最上面鋪「醬油蛋」。以這兩種食材增加烤菇的分量，整道菜的等級會更加提升。

山藥要避免使用水分多且較長的，要使用磨成泥後會很黏稠且具彈力的大和芋山藥。「醬油蛋」是將蛋黃用醬油醃漬一晚做成，味道會像海膽般濃郁，不同於生蛋。醬油蛋和烤香菇非常相配。

（1）蛋黃一顆顆放入小型器皿裡，倒入醬油，於冷藏室靜置一晚。

（2）香菇去除菇蒂硬梗，用菜刀在菇傘上劃出切口，連同菇蒂用手撕成2～4塊。

（3）烤網加熱，將②的香菇來回翻面烤到兩面有點焦黃。

（4）山藥去皮後浸泡在醋水裡5分鐘左右，以細孔磨泥器磨成泥狀。若不磨成泥，也可直接將泡過醋水的山藥放入布袋中，以木杵敲碎後使用。

（5）③的烤香菇和④的山藥盛裝在器皿裡，中央弄得稍微凹陷，將①的蛋黃連同醬油鋪在上面，並添加生鮮山葵泥。

這道料理拿來當小菜會很美味，直接鋪在飯上做成丼飯也很棒。將烤香菇加入鮪魚山藥泥裡也很好吃。

● 烤香菇山藥泥

【材料．2人份】

生鮮香菇　8個
山藥　150g
醋　少許
醬油蛋
— 蛋黃　2顆
— 醬油　3小匙
山葵泥　適量

烤得很香的香菇有各式各樣的運用方式，可以和燙過的菠菜或茼蒿一起涼拌柚子，也可以拌初榨橄欖油。此外，加了烤香菇炊煮出來的米飯也很好吃。

② 菇類高湯

若將常見的4～5種菇類一起使用，以各種菇類煮出高湯，就能做出味道和香味都很棒的料理。

菇類的種類，可依個人喜好。在柴魚高湯中，加入能使湯頭更加濃郁的數種菇類，就能愉快享受味道上的和諧感，讚嘆「為何會如此美味」。

（1）生鮮香菇去除菇蒂硬梗，菇傘上劃十字切口，連同菇蒂用手撕成4塊。

（2）舞菇與金針菇除去菇蒂硬梗後分成小束。杏鮑菇用手撕成細條狀。

（3）鍋裡放入①和②的菇類，倒入高湯到能剛好蓋過材料再少一點的程度，以中火熬煮。

（4）加入醬油和酒一起煮。當整鍋的材料都煮熟透、變軟時，以鹽巴調味。

依個人喜好，也可撒入山椒粉或七味辣椒粉，或是搭配切成細絲的柚子皮等。

到了用剛採收的蕎麥製作蕎麥麵的生產旺季時，我會事先做好這道菇類高湯，將高湯澆淋

●菇類高湯

【材料・2人份】

生鮮香菇　4個
舞菇　1包
金針菇　1袋
杏鮑菇　1朵
湯汁
- 柴魚高湯（P.174）2杯
- 醬油　1½小匙
- 酒　3大匙
- 鹽　½小匙

在快速煮熟的蕎麥麵上，再加點山葵泥，整碗麵的味道會更夠勁。

3 炸香菇肉卷

這道油炸料理是有點小小樂趣的料理，可以預期品嘗過的客人的反應。有人會說：「這是炸生蠔？」也有人會問：「這裡面包什麼？」

將菇傘盡量切薄片，菇蒂也撕得很細，以涮涮鍋用的豬肉薄片將菇傘和菇蒂緊密地裹捲起來，再裹上麵衣油炸。一旦炸好，由於甜美入味的豬肉會讓人吃不出來是用薄豬肉片炸成的，裡面的香菇味就更加明顯。

裡面的餡料只有香菇，但乍看之下卻像是炸生蠔……實際上，若將香菇的菇傘和菇蒂包得很扎實來炸，不光是外觀，連吃起來也會像炸生蠔般味道濃厚。因此，餡料一定要加菇蒂。若在香菇裡混入一些蠔油，真的會讓人誤以為是炸生蠔呢！

菇類的菇蒂，味道很豐富。比起菇傘，我更喜歡用菇蒂，這道料理也可以只用菇蒂來製作。將食材調味後加熱就會滲出水分，因此最好不加任何調味。肉卷炸好時，再加調味醬汁來吃。

●炸香菇肉卷
【材料．4人份】
生鮮香菇 12個
豬肉薄片 250g
麵衣
　麵粉 適量
　蛋汁 1顆分量
　麵包粉 適量
炸油 適量
鹽、胡椒 適量
醬汁（藥膳黑醋→P.38）適量

（1）豬肉輕輕撒上鹽、胡椒。

（2）香菇去除菇蒂硬梗，將菇蒂用力朝菇傘方向擰一下，摘取下來。菇傘部分以菜刀切得極薄。菇蒂用手撕得極細，與菇傘部分輕輕混勻。

（3）豬肉片攤平，均勻鋪放②的香菇，緊實地裹捲成稻米草包的模樣。捲好時，將露出來的香菇塞進肉片裡，兩側弄齊、修整一下外觀。

（4）③的肉卷上薄撒一層麵粉，裹上蛋汁後沾麵包粉。

（5）炸油加熱到中溫（170℃），放入④的肉卷後上下翻面，將麵衣炸到呈現金黃色。

［美味祕訣］義大利菇類料理就是要充分品嘗食材的原味

最簡單的菇類吃法，是嫩煎或生吃。越是好材料越要簡單料理，才能真正品嘗食材的原味。

舉例來說，義大利具代表性的菇類——牛肝菌，做成「牛肝菌排」，是將牛肝菌嫩煎後，輕輕撒上鹽巴、擠入檸檬汁調味的一道菜。在日本要做這道菜，會將菇傘厚實的生鮮香菇以初榨橄欖油和大蒜一起煎吧！

義大利常見到這樣的飲食風景：將像從地面上長出白色的蛋的花柄橙紅鵝膏菌和蘑菇，直接切成薄片後，淋上初榨橄欖油和帕瑪森起司食用。去年夏天在日本信州竟然大量豐收了珍貴的花柄橙紅鵝膏菌（圖P.104），真的很令人驚訝。

陸

便宜又容易使用的蔬菜

豆芽、蔥、韭菜都是便宜的庶民蔬菜，既不用花太多工夫做準備，也不必去皮，很快就能煮熟，是可節省料理時間的蔬菜。此外，雖然蔥的盛產期在冬天，韭菜是初春，但現在這些蔬菜幾乎一整年都會出現在市面上，輕易就能買到。

正因為如此普遍，料理時的火候和加熱時間，會直接反映出它們的味道。為了品嘗這些蔬菜的美味，希望大家能充分掌握料理的訣竅。只要學會幾種能很快完成又受大家喜愛的食譜，沒有比它們更讓人有信心的蔬菜了。

豆芽

「豆芽」的日本漢字，本來是寫成「萌yahsi」。不知從何時開始，所有泡在水裡、阻斷陽光而發芽的豆類和米、麥、蔬菜種子的嫩芽都被稱為豆芽。因此，我們熟悉的蘿蔔嬰、青花椰菜芽、苜蓿芽等，也成為豆芽的伙伴。

從豆芽的尖端帶豆殼就能清楚知道，豆芽是豆類的嫩芽。從黃豆孵出的「黃豆芽」具有獨特的咬勁。以小型黃豆孵出的「小黃豆芽」很清脆，若很新鮮我都是拿來生吃。「黑豆芽」則是更有咬勁的豆芽。

外觀看起來很脆弱的豆芽，是既便宜又富含維生素C、營養豐富的蔬菜，只不過不耐放，應該在購入當天用完。就算放入冰箱保存，也要在1～2天內用完。

一般帶根的豆芽，要花點時間處理，鬚根的尖端得用手一根一根地摘除。多花這道工夫，能使口感更好，做出來的菜色也漂亮。最近，有現成的「去根豆芽」或是不去鬚根也不必那麼在意的「小黃豆芽」等種類，請充分確認商品後再購買。

豆芽最重要的就是清脆的口感。稍微浸泡在冰水裡，以大火迅速燙熟，就是將它料理得美味的訣竅。

1 清炒豆芽

這是以大火快炒新鮮豆芽的簡單料理，卻非常好吃。我喜歡如此單純地只炒豆芽的菜。儘管如此，還是會用負責引出豆芽味道的大蒜或生薑。

使用一般豆芽炒這道菜時，一定要摘除鬚根。豆芽的鬚根部分容易受損，稍微放一下就會有酸味。但小黃豆芽就算不去鬚根，鮮度也能維持較久。

（1）豆芽放入滿滿的冷水中輕輕洗淨，仔細除去浮上來的豆皮。如果是一般豆芽就要摘除鬚根，放在竹簍上瀝乾水分。

（2）加大蒜時，以刀腹壓扁再敲碎；若是放生薑，就連皮一起切細絲。

（3）將鍋底寬大的平底鍋加熱到冒煙的程度，加入芝麻油（或是初榨橄欖油），轉小火後放入大蒜或生薑。

（4）當大蒜炒出香味時，放入①的豆芽，薄薄平攤在整個鍋子裡。轉大火，不動鍋鏟30秒，再上下翻炒，輕輕撒上鹽和胡椒。

若有餘熱，食材就會變熟，記得不要炒太久，覺得快炒好前就關火。通常我會在要吃之前才將豆芽下鍋快炒。

● 清炒豆芽

【材料．2人份】

豆芽 1袋（250g）

大蒜或生薑 1片

芝麻油（或是初榨橄欖油） 1大匙

鹽、胡椒 各適量

2 越南煎餅

去過越南旅行的人，一定聽過這道料理吧！

有段時間我經常去越南。對越南著迷的理由很多，想買便宜又有異國風情的器具和雜貨，也想探求未知的食材，但有幾成理由，或許就是為了這道越南煎餅。

頭一次造訪越南，最初吃到的就是越南煎餅，還曾因為沒見過也沒聽過這道料理而受到衝擊。第一眼的感覺就是「這是大阪燒？還是蛋包飯？」外皮煎得薄脆，吃起來卻很Q彈、好吃。後來才知道，這種口感是因為外皮加了米製的粉的緣故。

從煎餅對摺的空隙中，可以窺見裡面包了滿滿的豆芽。大概是因為最後才放進去的吧，豆芽幾乎是生的或是半生熟狀態。豆芽煮太久就不好吃。餡料中還隱約看得到不少的蝦子、豬肉、洋蔥等。

很少料理會如此均衡地放入蔬菜、肉和海鮮類，甚至以4～5種葉子（香草）捲起來吃，光是這樣，吃起來就覺得營養滿分，而且非常美味，發自內心覺得是很好的料理。以葉子捲起來，再沾上加了酸甜又辣的魚露做成的醬汁來吃，一吃就會上癮。因此，日本一出現有越南煎餅的越南料理店時，我立刻就去吃吃看，但每次都失望而回。因為不是我在越南吃到的那種煎餅。

待在越南的那段期間，我都是去路邊的「越南煎餅小店」吃越南煎餅。大部分的店都開在狹小的路旁，客人坐在裡面的座位，負責煎餅的大媽周圍則放了5～6個火燒得很旺的炭爐。每個爐上都放了一只用慣的鍋子，看著大媽手法快速地放進材料，一邊不停煎煎餅的模樣，非常有趣。

我心想：「啊！自己也來做做看。」不過，當然不會有食譜。因此，很仔細地觀察大媽的動作，想要記下來，也因此去了好多次，每次都看得很仔細才回來，卻無法照所想的做出來。覺得「不一樣」時，就會再去確認。雖然也曾在那裡拍了照片，還是不清楚，最後甚至出動攝影機，也還是做得不像……

煎餅店是將放入炭的爐子當熱源，用的也不是平底鍋般平底的鍋子，而是像中華炒鍋的圓底鍋。這種圓底鍋在爐子上能平均受熱。我認為，這就是決定越南煎餅味道的一個重要因素。本來就和在東京廚房以瓦斯爐煎煎餅的方式不一樣，因此很難重現那種味道。

我用鍋底整個受熱均勻的中華炒鍋，試著做了好幾次，不斷挑戰、嘗試錯誤的結果，雖然無法做得完全一樣，但總算可以做出覺得還不錯的成品。

（1）以椰奶和蛋汁將米製的粉融勻，有的話就加入薑黃，充分混勻，靜置30分鐘左右，做出麵糊。接著將醬汁的材料混合均勻。

（2）豬肉和小蝦仁分別稍微燙過，洋蔥切薄片，豆芽用水洗淨。若有放鴻喜菇與青蔥，先切除菇蒂硬梗後弄碎。青蔥則斜切。

（3）在中華炒鍋裡將油加熱。火始終用小火，先炒②的豬肉和小蝦仁，以魚露和胡椒調

●越南煎餅

【材料・3～4人份】

麵糊
- 米製的粉 ⅔杯
- 椰奶 2杯
- 蛋 2個
- 薑黃（若有的話） 1小匙

豬肉薄片（切細條） 200g
小蝦仁 200g
洋蔥 1個
小黃豆芽 1袋
鴻喜菇 1包
青蔥 2～3枝
沙拉油 適量
魚露、胡椒 各少許
香的蔬菜（羅勒、薄荷、紫蘇、香菜等） 各適量

醬汁
- 魚露 3大匙
- 醋 2～3大匙
- 楓糖漿 2大匙（或是砂糖1½～2大匙）
- 水 2～3大匙
- 大蒜（切碎） 1片分量
- 紅辣椒（切細絲） 1～2條

味後取出。接著，將整個鍋子燒熱後倒入油，使油均勻散布在鍋面後倒入①的麵糊，立即搖晃鍋子，使麵糊均勻攤成圓形薄片，服貼在鍋面上。接著晃動鍋子，使麵糊整個均勻受熱。

（4）將③的豬肉與小蝦仁、生鮮洋蔥全部散開撒在餅上，鋪上鴻喜菇與青蔥，再均勻鋪上充分瀝乾水分的豆芽，蓋上鍋蓋將豆芽燜一下。

（5）掀開鍋蓋，為免燒焦，要不時地將鍋鏟插入鍋底掀動。將麵皮煎成恰到好處的焦黃色，當邊緣變得酥脆時對摺裝盤。

（6）香菜快速洗淨，先另外裝盤，再與①的醬汁一起添加在⑤的盤子上。

要做出道地越南煎餅的訣竅，就是將麵皮煎得酥脆，以及充分晃動鍋子使所有材料均勻受熱。若很難做出很大的越南煎餅，就做小的吧！麵皮也可以只用蛋來製作。如此就不是越南煎餅，而是越南風味的蛋餅。

我在日本做越南煎餅時，會用能保有清脆感的小黃豆芽。若是一般豆芽（黑豆芽或綠豆芽），就算步驟一模一樣，也會變太軟。

＊若沒有米製的粉時，就以攪拌器將泡過水的長米（在來米）磨碎製作。沒辦法這樣做時，就用口感和風味都有點不一樣的麵粉替代。

＊圖→P.102

3 醃漬咖哩豆芽

生鮮的豆芽放不了幾天，若醃漬過比較可以保存。豆芽本來就是不需要切或去皮的蔬菜，隨時可以拿來加工醃漬。若事先醃漬好冷藏，就能當現成的菜多加運用，例如直接拿來吃，或是鋪在中華炒麵上，或是和燒肉一起吃。

（1）用足夠的水將豆芽輕輕洗淨後，放在竹簍上晾乾。若是小黃豆芽，可直接使用，若是一般的豆芽，就要先摘掉鬚根。

（2）碗裡放入醃漬汁的材料，充分混合均勻。

（3）鍋裡加水煮開後放入①的豆芽，煮到還帶有清脆感，即撈起過濾。

（4）燙過的豆芽趁熱與②的醃漬汁拌在一起，靜置30分鐘，使之入味。

也可以不放咖哩粉，只以醋、芝麻油及醬油做成的醃漬汁醃漬。一定要放醋，吃起來才會清爽。

●醃漬咖哩豆芽

【材料．1袋的分量】

豆芽 1袋（250g）

醃漬汁

咖哩粉 ½～1大匙
初榨橄欖油或芝麻油 1大匙
米醋或酒醋 1～1½大匙
鹽巴 ½小匙
胡椒 少許

青蔥

青蔥是平時一定會有的蔬菜。不但在辛香調味上不可缺少，每天炒菜或烹煮其他料理也都會用到。用來炒或煮時適合用長蔥，要享受柔軟口味或增添色彩就要用蝦夷蔥、鴨頭蔥（也稱為河豚蔥）等青蔥。選購長蔥時，要選蔥白長、有光澤且蔥管飽滿而不軟塌。西方的青蔥有蔥管粗壯、口感也稍硬的韭蔥和細長的細香蔥。

一到冬天，青蔥的甜味與風味都會增加，能溫暖身體，自古以來就是眾所周知，可預防感冒、消除疲勞的蔬菜。也有人只吃長蔥蔥白的部分，但據說綠色部分營養較豐富。綠色部分切細絲油炸，或是用手搓揉後當作辛香調味會很漂亮，也適合用來熬煮高湯。

長蔥要切碎末時，若用刀子在蔥白部分縱向劃出幾刀切口後再切，就能輕鬆地切得很漂亮。

1 青蔥炒蛋

只要有青蔥和蛋，就能輕鬆地完成，而且很好吃，是繁忙時幫助很大的料理之一。青蔥炒蛋要做得好吃，最重要的就是將蛋炒得蓬鬆，因此有幾個訣竅。

●青蔥炒蛋

【材料．2～3人份】

蛋　3～4個

長蔥　1枝

芝麻油或沙拉油　2大匙

醬油　1大匙

鹽巴　少許

首先，打蛋時要將筷子垂直拿著，像是要把蛋白劃開般粗略地打散，而不是讓筷尖貼著碗底直線移動地攪拌。

要以中華炒鍋炒出蓬鬆的炒蛋，就要在鍋子加熱到冒煙時沿著鍋面倒入油，並倒入蛋汁。靜止不動地加熱3秒左右，當蛋汁周邊都變蓬鬆時，才用鍋鏟從下往上翻炒，大概翻炒個2～3次就可起鍋。

取出炒得蓬鬆的炒蛋後，用同一個鍋子炒青蔥。淋上醬油，將青蔥燒煮入味後，再倒入炒好的蛋，將蛋和青蔥混勻。

（1）青蔥斜切得稍大一點，蛋打散後加鹽巴混勻。

（2）將中華炒鍋燒熱後，倒入一半分量的油，放入①的蛋液炒到蓬鬆，取出備用。

（3）倒入剩下的油，將青蔥炒到兩面都呈現焦黃時，沿著鍋面倒入醬油。

（4）立刻放入②的蛋，為免蛋變硬，快速混勻所有材料後，盛裝在器皿裡。

如果有道拿手菜，可以像這樣用現有材料簡單地做出來，在想不出要做什麼料理時會很有幫助。

② 炸魚板青蔥沙拉

魚板切薄片後油炸，吃起來的口感會和平常完全不同。這是一道吃過的人都會很驚訝的料理。

由於和滿滿一大盤青蔥的味道很合，分量很多的魚板會很快就吃完，也是將過年時剩下的魚板很快消耗掉的好方法。

長蔥通常是切成白蔥絲使用。雖然市面上一整年都買得到青蔥，但還是嚴冬時盛產的青蔥好吃。冬天的長蔥，蔥管飽滿，連芯都可使用，若稍微錯過季節時，就要去芯後再切成細絲。

長蔥切細絲後，盡可能泡一下冰水，不但會捲起來，味道也會變淡，就能吃下非常多的蔥。由於這道料理會用很多的蔥，若不泡冰水而吃這麼多，或許會對腸胃造成負擔。要記得使用蔬菜脫水器，將泡過冰水的青蔥的水分甩乾。這道料理很適合當喝啤酒的下酒菜，拿一點來鋪在酒後吃的飯上也很好吃。

（1）長蔥蔥白切細絲，浸泡在冷水中使之變清脆，魚板盡量切薄。

（2）將①的白蔥絲充分瀝乾水分，放入碗裡。

（3）炸油加熱到中溫（170℃）後放入①的魚板，炸到邊緣呈褐色、酥脆為止。魚板放入油裡，立刻攪動一下，以免黏在一起。

（4）濾除魚板的油，放入②的碗裡，加醬油和七味辣椒粉混勻，盛裝在器皿裡。

●炸魚板青蔥沙拉

【材料・4人份】

魚板　1塊

長蔥蔥白部分　2枝

炸油　適量

醬油　適量

七味辣椒粉　少許

＊圖→P.103

我很怕魚板特有的甜味，但炸過之後的口感很特別，變成喜歡的食物。此外，將炸過的魚板切小丁，和日本青椒一起炒成炒飯，也很好吃。

3 青蔥油豆腐烏龍麵

這道烏龍麵加了切得很細的青蔥絲和油豆腐絲。青蔥和油豆腐，都和Q彈、軟嫩的烏龍麵很相配。雖然要費點工夫，但將兩種材料仔細地切成細絲，就是這道料理唯一的重點。

蔥用青蔥，也可以改用白長蔥，但盡可能用青蔥或大蔥，顏色和柔軟度的調整上都比較適合烏龍麵。大量的青蔥橫切成小圓片，浸泡在冷水裡。將蔥圓片用白布包起來，放在流動的水下搓洗，用力擰乾水分，讓澀味消失，就會變得清爽。

清爽的青蔥和切得極細軟嫩的油豆腐，很適合用來煮烏龍麵。當然還要有美味的高湯。

（1）青蔥切成小圓片，浸泡在冰水裡，用白布包起來，放在流動的水下搓洗，去除黏液後，充分擰乾。油豆腐燙過後充分瀝乾水分，剖成兩片，再縱向對半切開，疊在一起後從橫斷面切成極細的細絲。

（2）生烏龍麵以足夠的熱水煮熟後，撈到竹簍上濾去水分，分別盛裝在容器裡。沒有生烏龍麵時，也可以用現成煮好的烏龍麵。

●青蔥油豆腐烏龍麵
【材料・2～3人份】
手打烏龍麵 3把
青蔥 3～4枝
油豆腐 1片
湯汁
- 高湯 5杯
- 鹽 1½小匙
- 醬油 1小匙
- 酒 1大匙

七味辣椒粉（依個人喜好）少許

（3）高湯的材料在鍋裡煮開後，加入①的油豆腐快速煮好後倒入容器裡，撒上青蔥。

可依個人喜好，撒入七味辣椒粉。這道烏龍麵要以較濃的高湯引出青蔥的美味，因此我會用小魚乾高湯或是柴魚高湯。

【美味祕訣】熬高湯的方法

高湯是決定料理味道的關鍵。例如，一般的清湯用昆布柴魚高湯，味噌湯就用小魚乾高湯，西式料理則用肉汁清湯。熬高湯看似要花很多工夫，但習慣熬製後就很簡單。請務必自己熬高湯，用在料理上。

昆布柴魚高湯：適用在一般的清湯、充滿湯汁的燉煮料理、麵類的高湯等，是和風料理的基本湯汁。熬煮方法請參考P.79。

因應時節，也會有不用昆布而只用柴魚（削片）熬高湯的情形。將5杯水煮沸後加入柴魚片40g，用筷子將柴魚片壓進湯裡立刻關火，靜置7～10分鐘等柴魚片下沉，以白布過濾。

小魚乾高湯：除了味噌湯外，也適合當麵類的湯頭，是充滿自然美味的高湯。建議用手指摘下小魚乾會煮出苦味的部分（鰓內側和魚頭內黑色的部分），浸泡一晚的水之後，過濾取出的高湯（P.62）就很美味。

肉汁清湯：燜煮雞翅後濾出的湯汁（P.55），或是在切碎的芹菜梗和葉子、洋蔥、紅蘿蔔中加入香草、雞肉後濾出的清湯（P.107），最適合用於西式風味的湯汁與燉菜。

韭菜

雖然冬天到春天都是韭菜的盛產季節，但還是初春的韭菜特別好吃。最近，不知為何有很多香味不佳、粗糙又硬的韭菜，真的很可惜。

韭菜雖然要選葉尖筆挺、葉子顏色較深的，但看起來軟嫩的葉子好像比較美味。韭菜根部白色部分因富含韭菜獨特的香氣和味道，只要將根部切齊就好，若整個切掉就太可惜了。

韭菜加熱過度時，色澤和風味都會變差，因此和其他素材一起炒的時候要最後加入，也要考慮餘熱，盡快從爐火上移開。韭菜容易受損，要用保鮮膜包起來豎立著放入冰箱保存，並盡早用完。

① 韭菜蝦仁蛋

韭菜和蝦仁、蛋是超級絕配。在母親的拿手菜中，這道菜經常出現在餐桌上，因此在我幼小心靈中留下了「蝦仁、韭菜、蛋非常搭調」的印象。用這三樣材料煮湯，也非常好吃。

炒韭菜蝦仁蛋時，只需要以鹽巴調味，再把顏色炒得漂漂亮亮，做法又快又簡單。但因為各個材料炒熟所需的時間不同，蛋要跟其他食材分開處理，炒得蓬鬆軟嫩。先炒好蛋取出備用，接著炒其他的材料，最後才將蛋倒回一起炒。

（1）蝦仁在薄鹽水中輕輕洗淨，以鹽、胡椒、酒醃漬入味。

（2）韭菜切成4～5㎝長段。蛋打散後加酒混勻。

（3）中華炒鍋加熱到冒煙程度時放入油，倒入②的蛋液快速地炒一下，炒成有些地方還不熟的蓬鬆炒蛋就取出。

（4）加少許油到③的鍋裡，炒①的蝦仁。

（5）當蝦仁變色時加入②的韭菜炒勻，以鹽和胡椒調味，倒回③的炒蛋，以大火快速炒勻即完成。

這道菜的好處是能自由調整材料的多寡，譬如可以放入高級一點、大隻一點、多一點的蝦仁大吃一頓，或是蝦仁少一點、蛋多加點。

我曾經用明蝦來炒這道菜，如今想起來還是覺得很高級。以炒小菜用的中型冷凍蝦也非常好吃。

●韭菜蝦仁蛋

【材料．4人份】

蝦仁 150g

鹽、胡椒、酒 各少許

韭菜 1把

蛋 3個

酒 1大匙

芝麻油或沙拉油 3大匙

鹽、胡椒 各少許

2 韭菜油豆腐味噌湯

韭菜是非常有個性的蔬菜，與其搭配其他蔬菜，還不如和油豆腐一起料理，才能感受到特別的味道。這道菜要將韭菜盡量切碎，而不是大致剁一剁，才能消除生韭菜令人反感的味道。切成碎末的韭菜再咚咚咚地剁碎，做成「韭菜湯」也很好吃。

將味噌湯的配料韭菜切碎末，油豆腐也同樣地切碎，吃起來的口感才會一致。只不過，韭菜要瞬間煮熟才好吃，若煮得太久、太爛，味道就會減半。正因為是簡單的料理，烹調的時機很重要。韭菜也不例外。

(1) 油豆腐用熱水燙過、去油後剁成兩半，疊在一起切成小方塊。

(2) 韭菜束成一束後切成碎末。

(3) 在鍋裡溫熱高湯，放入①的油豆腐、並加入味噌融勻。

(4) 湯汁煮開的瞬間，一口氣倒入②的韭菜。

(5) 立刻關火，快速盛裝在木碗裡。

大家都知道，韭菜可促進血液循環、使身體溫暖，對治療感冒很有效。韭菜也有調整腸胃功能的效果。據說韭菜味噌湯治宿醉很有效，對愛喝酒的人來說，或許是個好消息。

● 韭菜油豆腐味噌湯
【材料．4人份】
韭菜 1把
油豆腐 1片
小魚乾高湯 4杯
（P. 62、P. 174）
味噌 3～4大匙
＊味噌的量依種類（鹹度）調整。
＊圖→P. 202

【美味祕訣】珍貴的韭菜醬

將韭菜切碎末並剁得更細碎後，與調味料混合，做成稍帶酸味且辛辣的中華風韭菜醬，是令人吃完還想再吃的醬汁。

在剁得細碎的5枝韭菜裡加入2大匙醬油、1大匙芝麻油、1～2小匙豆瓣醬、2大匙醋拌勻，依個人喜好也可加入1～2片分量的大蒜末。

將醬汁加入蒸雞肉、燙過的豬肉、蒸茄子裡會很美味。由於也很適合搭配烤魚、烤肉等，也請試試看。

3 韭菜肉絲炒麵

這道料理，不建議用最近常看到的又粗又硬的韭菜來做。若在道路休息站、蔬菜直銷處買到纖細又不太長的嫩韭菜，請充分利用。

若用很貴、狠下心來花大錢購買的韭黃，也一定能炒得很好吃。

原本開始做這道料理的契機，就是聽了一位喜歡中華料理且常到處品嘗的人說「有家能吃到這道韭菜料理的店」，好像真的很好吃。

聽說之後，我心想：「啊！絕對要去吃吃看！」但一直沒有機會，於是決定自己做做看！總之想立刻就吃到，因此覺得特地跑一趟，還不如問清楚做法後自己做更快。

● 韭菜肉絲炒麵

【材料．2人份】

炒麵用中華麵　2把
豬肋排肉或肩里肌肉　80g
韭菜　1把（小把的就用2把）
大蒜　1片
生薑　1片
鹽、胡椒（依個人喜好）各適量
芝麻油　適量
醬油　適量
米醋或黑醋　各適量

（1）豬肉用肋排肉或肩里肌肉等有點油脂的部位，切成細絲。

（2）分量十足的韭菜切成4～5㎝長段，大蒜與生薑分別切碎末。

（3）準備炒麵用的中華麵。

（4）將芝麻油在中華炒鍋加油，炒②的大蒜和薑末，當炒出香味時，放入①的豬肉炒至酥脆。豬肉以鹽巴或胡椒調味，最後撒入醬油使之入味。

（5）③的中華麵放入鍋裡，將麵和酥脆的豬肉均勻混合炒到兩者融為一體，炒熟時放入②的韭菜，稍微混合一下就起鍋。

（6）盛裝在器皿裡，依個人喜好的分量淋上米醋或黑醋食用。

雖然是很簡單的料理，但炒這道炒麵時，需要山一般大量的韭菜。因此，對於韭菜愛好者來說，是一道令人愛不釋手的料理。

聽說之後，盡可能發揮想像力試著做做看的結果，真的非常好吃，心裡很高興。但其實到目前為止，我還是沒機會造訪那家店，很可惜終究沒能吃到它的炒麵。老實說，真正的樣子，到現在還是不清楚。

柒

暖呼呼、蓬鬆，令人戒不掉的薯類

芋頭和山藥有獨特的蓬鬆感和黏稠感，好吃到讓人吃了還想再吃。在酷暑終於緩和下來，迎接秋天果實豐收季節時採收的蔬菜就是薯類。

明知薯類很好吃卻覺得處理不容易的人，只要學習簡單的方式，就能成為習慣。

運用這些薯類做成的，通常都是和風料理，但有時也會試著做成西式和異國風，品嘗新的美味。

芋頭

芋頭是天氣濕熱的亞洲特有的薯類，但總覺得日本芋頭最好吃。芋頭具有其他薯類沒有的黏稠感，不知是否是因為土壤的關係。

購買時，一定要選帶泥土的。若能選泥土還濕潤、剛挖出來的芋頭更好。芋頭挖出來後，放得越久皮會變得越硬，連味道也會有明顯的落差。剛挖出來的芋頭和擺了一陣子的芋頭，甚至會有吃不同食物的感覺。因此，希望大家購買新鮮的。帶泥土的芋頭，放一段時間之後，芋心味道也不會變，因此一些非常要求材料原味的料理亭，會削掉一層很厚的皮而只使用芋心。

剛採收的芋頭皮很薄，薄到只要用鬃刷輕輕一刷就能刷掉，但一旦接觸空氣，為了保護裡面的果肉，皮會慢慢變硬、變結實，吃吃看就能充分了解。因此，我不會買去皮的芋頭。

帶泥土的芋頭稍微泡一下水，用小型鬃刷刷洗，就能變乾淨。清洗後放在竹簍上晾乾再使用，不但不會弄髒手和菜刀，芋頭的皮也能去除得很漂亮，並保有很濃的芋頭味。

去皮時，將小型刀子拿好，從下往上削去一層厚皮。將芋頭的表面削成6面到8面，接著將上下端切掉，以乾淨的白布或紙巾，將表面擦乾淨，即可做好事前的準備。

芋頭只要出現紅斑點，或是以手指按壓感覺有點軟，就代表變老。購買時，要好好注意。

1 涼拌芝麻味噌芋頭

初秋市面上出現大量芋頭時，我一定會買來料理。甜且辛辣、香濃的芝麻味噌，和芋頭的黏糊感超級相配。

新鮮中型帶皮的芋頭，以鬃刷刷乾淨後，連皮一起蒸。芋頭有大有小時，就依竹籤能刺穿的順序取出。

在蒸芋頭期間，調製「芝麻味噌醬」。醬料的材料，不論是用芝麻醬或磨好的芝麻調和味噌都可以。我會用極淡的楓糖漿增加甜味，當然也可以用砂糖，但楓糖漿和味噌非常合適，請試試看。

楓糖漿依採收時期可分為4～5種。我認為，最適合用於和食的楓糖漿，是樹液採收期最早的「極淡」（extra light）。若想增加甜味，用容易融化且美味的楓糖漿會比用砂糖方便。

味噌使用平時煮味噌湯用的即可。調味料可依個人喜好的比例，邊嘗試味道邊加入，最後加酒稀釋一下濃度，芝麻味噌醬即完成。芋頭若蒸得恰到好處，在涼拌過程中表面會裂開而產生黏糊。這時，甜甜的，又有辛辣味的醬汁遍布整個材料，會很好吃。使用芝麻醬時，最後加些炒得很香的芝麻會更棒。

（1）芋頭洗去表皮的泥土後晾乾，連皮一起放入蒸籠裡，以大火蒸15分鐘左右。

（2）蒸芋頭時，將芝麻味噌醬的材料充分混勻，預先做好醬汁。

● 涼拌芝麻味噌芋頭

【材料・4人份】

芋頭　12個

芝麻味噌醬

- 白芝麻醬　3大匙
- 砂糖　2大匙
- （或是楓糖漿　2⅔大匙）
- 味噌、酒　各2大匙

炒過的白芝麻　1大匙

＊圖→P. 204

（3）①的芋頭蒸好時，去皮。較大的芋頭切成兩半，放入②的醬汁，攪拌到芋頭周邊都呈黏糊狀，盛裝在器皿裡。

2 湯汁分量十足的芋頭燉煮料理

這是小時候母親常煮給我吃的燉煮料理，對我而言是非常難忘的媽媽的味道。放學回到家，我會黏在老是站在廚房的母親身旁，等著做出來的食物，充當嘗試鹹淡的角色。若剛好有芋頭蒸熟，母親會讓我嘗味道，那濃郁的芋頭香，加上在嘴裡擴散開來的高湯香味，至今難忘。母親總是用小芋頭，且將皮刮掉。這種小芋頭蒸起來的口感，比去皮的大芋頭更軟嫩好吃。

這道燉煮料理的高湯很重要。要熬出較濃的柴魚高湯，而非平時煮湯用的淡色、味道高雅的柴魚高湯，因此必須使用含血合肉★的上等柴魚片。這麼簡樸的燉煮料理，請務必使用含血合肉部位的柴魚片的高湯。

分量十足的高湯，以醬油和鹽、酒調味。記得只加點醬油，再加鹽巴和酒調出比一般清湯味道稍濃一點的湯汁即可。若只記加幾大匙或幾杯的數字，無法對湯汁蒸發掉的量或配合芋頭蒸煮程度調節，應該臨機應變。總之，高湯一定要是能蓋滿芋頭的程度。

●湯汁分量十足的芋頭燉煮料理

【材料．容易製作的量】

芋頭 15個（約1kg）

湯汁

- 高湯（P.174） 5½杯
- 醬油 1小匙
- 鹽 1⅔小匙
- 酒 3大匙

柚子皮 1個分量

★魚脊椎周圍色澤偏黑、腥味較重的肉。

料理店通常會去皮後搓鹽，用水沖洗或用煮的方式去除芋頭黏液，但一般家庭料理芋頭時，最重要的是不過度去除澀味。就像P.182所寫的，我會將芋頭去皮後泡水，再用乾淨的白布或紙巾，將去皮的芋頭表面擦拭乾淨。如此處理會連髒汙也清乾淨，芋頭會變漂亮。表面沒有黏液，手就不會發癢。擦乾淨的芋頭，直接放入調好味道的高湯裡，以小火煮20分鐘左右。

剛挖出來、沒放多久的芋頭就這樣煮來吃，會令人著迷。盡量將新鮮的芋頭去皮、擦乾淨後立刻下鍋煮，到目前為止，這樣煮出來的芋頭，從來沒不好吃過。

就算不是盛產季節，市面上也能看到芋頭，但不能用的部分會比較多。因為放著沒用的芋頭，表皮會漸漸產生損傷，能吃的部分就會變少，味道也會變差。我深深覺得，芋頭還是秋天的最好吃。

（1）芋頭以鬃刷刷洗掉泥土，放在竹簍上晾乾。

（2）若是新鮮的芋頭，就以刀刃刮掉外皮，再用弄濕的白布將表面仔細擦乾淨。

（3）湯汁的材料在鍋裡煮開後，放入②的芋頭，以只讓湯汁煮開程度的稍小中火，將芋頭煮到能以竹籤刺穿的程度。感覺芋頭煮出絲狀裂縫時，就是已經煮熟了。

（4）連湯汁一起盛裝在器皿裡，撒上大量切成細絲或刨成絲的柚子皮。

這道燉煮料理是只煮芋頭，再連湯汁一起享用。最後，別忘了增添一些季節的香氣。柚子和芋頭的甜味與香味，以及所煮出來的湯汁很相配。

做法雖然簡單，卻要花心思在芋頭的新鮮度和高湯的美味上，或許這才是最困難的。美味的高湯裡只加點醬油，再加點鹽巴和少許的酒，完全不加甜味。只要加入甜味，就會變成完全不同的料理。這道燉煮料理若有剩下，就將大約2片的紫菜搓碎後撒在芋頭上做成便當菜，既可愛又美味。

③ 奶油芋頭燉雞肉

用牛奶煮出來的燉菜，若要煮得更濃郁，可改用鮮奶油。我通常會用牛奶來煮，最後才加入少許的鮮奶油使味道變濃。

雖然有用雞肉和芋頭，但帶骨的雞肉只用來入味，對我而言，吸飽雞肉美味的芋頭才是主角。

將雞肉和洋蔥咕嘟咕嘟地煮出高湯後，放入芋頭。所謂的燉菜，就是西式家常菜。這道燉菜拿來配飯也沒問題，而且非常適合。裡面的芋頭都切得很大塊，我不喜歡將芋頭切得太小，就算是大芋頭也只切成一半。此外，也可以放洋蔥和綠花椰菜。當全部材料煮好時，再加入牛奶或鮮奶油等奶類，牛奶不能燉煮太久，不然會不好吃。一煮滾，就用玉米粉勾芡，使湯汁變濃稠。雖然我喜歡濃稠的湯汁，但玉米粉稍微勾芡即可。

（1）芋頭洗掉泥土後晾乾，用刀子將皮刮除，再以弄濕的白布擦乾淨。

●奶油芋頭燉雞肉

【材料．4人份】
芋頭 8個分量
帶骨頭雞腿肉（切大塊） 8塊
鹽和胡椒 各少許
洋蔥 小型1個
牛奶 1杯
鮮奶油 ⅓杯
玉米粉 3～4大匙
油、水 各適量

（2）帶骨雞腿肉上撒鹽、胡椒，洋蔥切碎末。

（3）用厚鍋將油加熱，放入②的雞腿肉，煎兩面。

（4）雞肉一變顏色，就加入②的洋蔥炒至熟軟，加入剛好能蓋滿材料的水，以稍小的中火開始燉煮。

（5）湯汁煮出浮沫時即撈除，加入①的芋頭，咕嘟咕嘟地燉煮至變軟。

（6）最後加入牛奶和鮮奶油（分量依個人喜好），煮3～4分鐘後以鹽和胡椒調味，加入以同分量的水融勻的玉米粉水勾芡，使湯汁變濃稠。

這道菜若沒吃完，隔天重新熱一下，還是很好吃。最後用玉米粉勾芡很方便，既能調出個人喜歡的濃稠度，也不會勾芡得太濃。

【美味祕訣】東南亞的芋頭料理也以日本芋頭烹調

東南亞有很多芋頭料理，雖然東南亞芋頭與日本芋頭原本是同品種，味道很相似，但肉質較粉，而且有點硬。在東京要烹調當地美味的料理時，沒辦法買到東南亞品種，我會用日本芋頭代替。

例如，炸蝦仁芋頭料理。將切細絲的日本芋頭與菜刀拍打過的蝦仁混在一起、撒鹽後混勻。當芋頭的澱粉釋出後，全部材料充分混和，就能勾芡後油炸。用紫蘇葉包起來吃也很美味。

此外，我還有一個經常做的獨創料理，將切細絲的日本芋頭和豬肉、蝦仁或蟹肉、大蒜、香菜末充分混勻，做成炸丸子。同樣的材料以春卷皮包起來，也是一道美味的點心。

東南亞芋頭不像日本芋頭般細嫩。因此，就算用柴魚高湯燉煮，也無法煮得像日本芋頭般，非常可惜。東南亞芋頭還是適合做異國風味料理，而日本料理還是用日本芋頭烹調才好吃。

山藥

在山裡採收的山藥也稱為「山薯」，主要有以下幾種：長形棒狀的「長芋」、扁平扇狀的「銀杏芋」（在關東也稱為大和芋）、像拳頭般圓滾的「佛掌芋」（在關西也稱為大和芋）、彎曲細長的野生品種「自然薯」等。

這些山藥雖然是同類，若分別就黏性的強、弱考量，自然就能想到各自適合什麼樣的料理。要品嘗生鮮清脆感時用長芋，想吃到黏稠泥狀時就用黏性強大的大和芋或佛掌芋。

我會將長芋切成1㎝左右的圓片，加入放了帕瑪森起司的蛋裡，做成義大利式烘蛋。在蛋烘熟過程中長芋也會熟得恰到好處，能吃到熱呼呼、蓬鬆的山藥。

若是大和芋或佛掌芋，當然要磨成泥才好吃。將這兩種山藥用海苔捲好後油炸，很適合當下酒菜。也只有山藥能讓人品嘗到從生鮮到加熱變熟後的各種口感。

1 涼拌長芋海帶芽

這是長芋和初春新鮮海帶芽組成的涼拌菜。若沒買到新鮮海帶芽，就用乾海帶芽也可以。加入同時期當令的新洋蔥，整道涼拌菜的新鮮、清脆感倍增。

材料準備好時，撒上足夠的柴魚片，以醋和醬油調味即完成。

（1）新鮮海帶芽用熱水快速燙過後，迅速放入冷水中冷卻，瀝乾水分後稍微剁一下。

（2）長芋去皮後泡醋水（分量外），切細絲或切半月形。若有新洋蔥也切成兩半，浸泡在水裡10分鐘後切成薄片。

（3）所有材料混勻後盛裝在器皿裡，放入柴魚片和醋、醬油拌勻。

說個題外話，長芋連皮一起做成米糠醃漬小菜也很美味。請使用細長的長芋。將表皮弄乾淨，刮除皮上的鬚根，連皮一起醃漬一晚，就能做出清脆、美味的米糠醃漬小菜。

●涼拌長芋海帶芽

【材料．4人份】

長芋　250～300g

生鮮海帶芽　80g

新洋蔥（若有的話）　½～1個

柴魚片　10g

醋、醬油　各適量

2 炸鮮蝦山藥卷

這道料理要用黏性強的山藥，例如在關東被稱為大和芋的「銀杏芋」、在關西被稱為大和芋的「佛掌芋」，還有「自然薯」等，不然就不好吃。長芋會出水分，無法炸得酥脆。

●炸鮮蝦山藥卷

【材料．2人份】

大和芋 100～120g
蝦子 中型4～5隻
鹽巴 1小撮
紫蘇葉 大型10～15片
炸油 適量
蘿蔔泥 適量
醬油 適量

和P.187介紹的炸蝦仁芋頭料理一樣，大和芋與蝦碎肉或雞絞肉也非常相配。

這裡介紹將大和芋用菜刀拍打到還帶顆粒的口感後的油炸料理。如此，入口後帶顆粒的芋泥香和其味道就很棒，加上是放在保鮮袋（拉鍊袋等）裡敲碎，手不會發癢。

敲碎的大和芋和蝦仁混勻，稍微調味後可直接油炸，但這裡是以大片紫蘇葉裹捲後用低溫油炸熟，再沾蘿蔔泥（蘿蔔泥加醬油調成的）來吃。

（1）大和芋去皮，稍微泡一下醋水，擦乾水分後放入保鮮袋裡，以木杵等粗略敲打。蝦子去殼和背部腸泥，剁碎。

（2）將①的大和芋泥和蝦肉放入碗裡，撒上鹽巴後混勻。

（3）將②的材料鋪放在大片紫蘇葉上捲起來，並修整形狀。

（4）炸油加熱到低溫（150～160℃），放入③，不時地翻動炸到酥脆。

（5）④炸好的食材盛裝到器皿裡，一旁添加蘿蔔泥沾醬，或是沾鹽或天婦羅醬來吃。

【美味祕訣】也推薦地瓜的油炸料理和燉煮料理！

炸地瓜蝦仁是我家的基本料理之一。這是一道能互相引出地瓜與蝦子甜味的家常菜。油炸材料若加入海鮮會更加美味，任何客人都會很喜歡。只有地瓜就只是小菜，若混入調性很合的海鮮，一下子就能做出獲得廣大年齡層支持的料理。

將蝦仁和切成同樣大小的地瓜混合在一起。地瓜切成小方塊與蝦仁混在一起後油炸，不但能炸得圓滾滾的很可愛，看起來也高貴，且形狀和顏色都很漂亮。快速撒上鹽巴來吃（圖P.205）。當然也可以沾加了蘿蔔泥的天婦羅醬汁。以加熱到１７０℃左右中溫的油來炸。麵衣是用麵粉加冷水調製的，就會炸得酥脆；若是用加了蛋汁的麵衣，會炸得蓬鬆軟嫩，兩種油炸方式請依自己的愛好做選擇。

「微甜糖漬地瓜」是初夏的代表性地瓜料理。做法是將較細的紫色地瓜，放入以水和酒各半、砂糖和鹽巴調味的大量醬汁裡，咕嘟咕嘟地慢慢煮熟。這道糖漬地瓜，會煮出顏色很漂亮的地瓜皮，且帶有用日本酒煮出的淡淡甜味和少許的清脆口感，很清爽。適合在想要有道略帶甜味的家常菜時烹調。

新鮮地瓜的盛產期，剛好是毛豆上市時。在滿滿的湯汁中也放入毛豆一起煮熟後裝盤，最後再撒一些毛豆，就變成一道賞心悅目的燉煮料理。能這樣在烹調過程中發現自我的樂趣，就會慢慢愛上做菜。這道菜是在期待初夏來臨、出現地瓜時必做的料理。

豬肉也很適合搭配帶點甜味的食材，如地瓜、栗子、水果等。這些食材和豬肉一起燒烤，做成「地瓜栗李烤肉」，會給人耳目一新的感覺。

地瓜以奶油和砂糖（我多半會用楓糖漿）燉煮，就算添加在烤肉旁也很美味而且分量十足，是一道能令客人滿意、大快朵頤的料理。

將地瓜連皮一起切塊後煮到適當熟度，和燙過的栗子、李子混合在一起，然後和「糖漬紅蘿蔔」（P.235）一樣，以奶油與砂糖或是加了檸檬汁使奶油與楓糖漿有檸檬味的醬汁調味，添加在肉上。再加上紅玉蘋果，將酸味、甜味和奶油的香味混在一起，真的很棒。

3 山藥泥蓋飯

淋在飯上的山藥泥，不適合用長芋。要用大和芋（銀杏芋或佛掌芋）、自然薯。山藥泥最好吃的研磨方式，就是以研缽有耐心、細心地磨成泥，若想稍微縮短時間，就用細網目的磨泥器將泥磨入研缽，再以木杵研磨一會兒，就能磨出滑嫩的山藥泥。沒時間還是想自己磨山藥泥來吃時，也可用食物處理器來製作，但攪打出來的山藥泥就沒那麼滑嫩。

大和芋去皮後表面會很光滑，拿著它用研缽或磨泥器磨泥時手容易滑，要用乾淨的白布包裹著手拿的部分會比較容易。

以味道調得重一點的高湯稀釋磨好的山藥泥時，高湯要慢慢加入，並用木杵磨勻，混合出來的口感才會滑順。只不過，山藥泥要做得好吃，高湯的味道很重要。先熬煮出濃郁美味的柴魚高湯後，再磨山藥。

山藥泥若是淋在稍帶嚼勁的米飯上，如白米中加麥片煮成的麥飯或糙米飯等，感覺更好吃。最上面要不要放海苔，依個人喜好。我什麼都不加，只淋上滿滿的山藥泥來吃。

● 山藥泥蓋飯

【材料．2人份】

大和芋　400〜500g

柴魚高湯（P.174）　2〜3杯

鹽　⅔〜1小匙

醬油　2小匙

煮好的麥飯或糙米飯　適量

（1）將水倒入鍋裡煮，快煮開時放入上等的血合肉柴魚片後關火，以筷子將柴魚片全部壓進水裡。靜置7～8分鐘，使之入味。確認白開水味是否變成柴魚高湯，若還沒完成就再靜置2～3分鐘。

（2）碗上先放竹簍，再鋪上弄濕的乾淨白紗布過濾，讓湯汁自然滴落後（不可以用筷子去壓），以鹽和胡椒將味道調得濃一點。

（3）大和芋去皮、浸泡在醋水（分量外）裡約10分鐘後，好好擦乾水分，以乾淨的白布將手拿部分裹捲起來，用細網目磨泥器不要太用力地磨成泥到研缽裡。

（4）以木杵磨4～5分鐘，用木杓將②的湯汁一杯杯地加入稀釋磨勻。磨到喜歡的黏糊狀時，就不要再加高湯。

（5）將麥飯或糙米飯盛裝在器皿裡，淋上④的山藥泥來吃。

未用完的山藥若放著不管，會有發芽的情形。若發了芽，就種到土裡。初夏時會冒出很多可愛的綠葉，摘下來當料理的配菜會很棒。到了秋天，會長「珠芽」。這是從山藥葉腋生出的小型山藥。由於外形小巧玲瓏、味道濃郁，經常拿來當炊煮米飯或湯中的配料，或是以鹽水煮、油炸當下酒菜等，就能嘗到意想不到的美味與樂趣。不只是山藥，任何會發芽的蔬菜如地瓜、芋頭、洋蔥等，都可試著拿來栽種。能享有另一種樂趣，經常捨不得丟棄。

捌

想要大量攝取的綠色蔬菜

一年到頭都可在市面上看到的綠花椰菜、小松菜、菠菜等代表性綠色蔬菜，都是冬天更好吃的蔬菜。請將這些蔬菜做成讓大家想吃更多的料理，大量攝取。

搓鹽、油蒸、醬汁浸菜、做成披薩……從和風到義大利味，這裡介紹一些既美味又不花時間就能做好的料理，若能輕鬆做幾次，在寒冷的日子裡愉快地在餐桌上享用，我會感到很欣慰。

大部分綠色蔬菜的葉子和梗煮熟的時間不一樣，稍微注意一下，就能讓全體均勻受熱。在不斷烹飪過程中得以理解這種小事，也是料理有趣的地方。

綠花椰菜

綠花椰菜是大人、小孩都愛吃的綠色蔬菜，既不會有澀味，使用時，也很少需要特別注意的地方，能用於各式各樣的料理。最近還出現了梗的部分很長的「長梗綠花椰菜」和花蕾為鮮豔紫色的「紫花椰菜」。這種紫花椰菜煮熟時，花蕾會變深綠色。

綠花椰菜要選擇顏色深綠、花蕾長得繁茂緊密、不鬆散且梗的切口較水嫩的。已開出泛黃花蕾的綠花椰菜，吃起來的口感和味道都不佳。

要分切綠花椰菜時，先用刀子從粗梗的分枝處切下來，較細的就直接用手折斷，花蕾緊密的部分，就用刀尖分切成大小相同的小朵。

接著，除去梗的皮。這是非常重要的步驟。訣竅是將刀子貼著梗的底部，將皮往花蕾方向拉起來剝除。如此花蕾和梗的部分就能均勻受熱，加熱時間也能縮短。

切下來的粗梗部分，其實也很甜很好吃，我很喜歡綠花椰菜的梗。請不要丟掉粗梗，煮來吃吃看。去皮的梗可用蒸或燙的方式料理。

綠花椰菜多半都是用燙的方式料理，但其實用蒸的，甜味會更明顯。已分切成小朵的綠花椰菜，若用煮的，切開的地方會吸入水分而變得水水的，因此推薦用蒸的方式。

1 青醬綠花椰菜

這道料理是在蒸或煮熟的綠花椰菜上淋青醬來吃的料理。

綠花椰菜分切得稍微大朵，粗梗部分也依其大小切成2～4片。蒸到個人喜好的硬度，混入以橄欖油、鹽、胡椒、大蒜和喜歡的綠色香草末調製成的青醬。

香草可用個人喜歡的蒔羅或荷蘭芹。請在綠花椰菜最好吃的冬天盡量享用。

（1）綠花椰菜洗淨後，分切成小朵。

（2）將刀子貼著底部，剝去梗的外皮。粗梗部分剝好皮後，依粗細切成2～4片。

（3）當蒸籠冒出熱氣時放入②的綠花椰菜，蒸到喜歡的硬度（建議蒸得稍硬一點）。或是用煮的。

（4）在蒸綠花椰菜時，調製青醬。將蒔羅、義式香菜切碎末，青醬的所有材料放入食物處理器中攪碎後倒入碗裡。蒸好的綠花椰菜趁熱和青醬拌在一起。

也推薦在綠花椰菜中混入加了香草的美乃滋。這種綠色美乃滋一定要在家裡自行調製。很多人都覺得自行調製很難，但若利用攪拌器或手持式攪拌器就很簡單。綠色香草則依個人喜好，使用蒔蘿、荷蘭芹、芝麻菜等，只不過，羅勒雖然好吃，但經過一段時間就會變黑，所以不太推薦使用。綠色美乃滋的做法如下：

（1）將時蘿或是喜歡的香草切碎末，放入攪拌器裡。

●青醬綠花椰菜

【材料．2人份】

綠花椰菜　1個

青醬

初榨橄欖油　3～4大匙

鹽、胡椒　各少許

大蒜末　1小匙（依個人喜好。也可以不放）

蒔蘿、義式香菜分別切碎　3～4株

*依個人喜好也可放入芝麻菜、茴香葉等

*圖→P.206上

（2）①的攪拌器中加入整個蛋、檸檬汁或白酒醋、鹽、胡椒以及少許的大蒜（依個人喜好加減）一起攪拌，再慢慢加入油，繼續攪拌至恰到好處的黏稠度，青醬便完成。

若是使用手持式攪拌器，就將所有材料放入保存的瓶子裡，用攪拌器將全部材料打成泥狀。油的量越多，調製出的美乃滋就越濃稠。

◎自製綠色美乃滋

【材料．容易製作的分量】

蛋　1個
檸檬汁或白酒醋　1大匙
大蒜（依個人喜好）　1片
鹽、胡椒　各少許
初榨橄欖油　⅔杯
蒔蘿、義式香菜等　各2～3株

2 蒸鯷魚綠花椰菜

這也是一道製作方法簡單的菜。同樣是用油蒸的料理，在綠花椰菜裡拌入初榨橄欖油和鯷魚蒸煮。只要一只厚鍋就能做，而且加了鯷魚就不用放鹽，很適合配白酒。

（1）綠花椰菜的事前處理方式，和「青醬綠花椰菜」（P.197）一樣。

（2）紅辣椒用水或溫水泡脹後，去籽橫切成小圓片。鯷魚切碎末，大蒜以刀背敲碎後切薄。

（3）將初榨橄欖油和②的紅辣椒、鯷魚、大蒜放入厚鍋裡，以稍小的中火蒸煮，再加入①的綠花椰菜快速混勻。若是用薄的鍋子，擔心會燒焦時，就加入1～2大匙的水，蓋上鍋蓋燜煮，燜到還帶點咬勁即關火。

綠花椰菜靠餘熱就能燜熟，不要燜得太軟才是好吃的祕訣。

◎蒸鯷魚綠花椰菜

【材料．2～3人份】

綠花椰菜　大型1個
鯷魚（魚片）　1罐
初榨橄欖油　2～3大匙
紅辣椒（乾燥的）　1條
大蒜（依個人喜好）　1片
水（視需要）　1～2大匙

＊圖→P.206下

3 綠花椰菜斜管麵

這是義大利普利亞地區具代表性的義大利麵，本來不是用斜管麵，而是用形狀像耳垂般的「小耳麵」（Orecchiette）烹調的。Orecchiette就是「小耳朵」的意思，是義大利巴里地區媽媽們以手工製作的義大利麵。由於小耳麵很難取得，這裡就用大家都熟悉的斜管麵。不過，若能買到硬質麵粉，與水混合揉捏，就能簡單做出手打的小耳麵。

綠花椰菜和義大利麵要放在同一鍋子裡煮，因此適合較長時間才能煮熟的義大利麵。若是用很快就能煮好的義大利麵，就先煮綠花椰菜，再丟進義大利麵。當綠花椰菜煮到剛好的熟度時，可以先撈起，只是為了能和義大利麵一起煮熟，還是切大朵一點比較好。確認好義大利麵需要的時間，就開始烹調吧！盡可能使用必須煮得較久的義大利麵，也就是說用義大利短麵會比細長形直麵容易烹調。

（**1**）紅辣椒去籽後切碎末，大蒜也切碎末。綠花椰菜分切成小朵，如P.197般事先處理好。

（**2**）用平底鍋或平底的鍋子炒醬汁。鍋裡放入初榨橄欖油，加入①的紅辣椒末和大蒜末，以小火將大蒜慢慢炒到散發出香味，放入鯷魚。

（**3**）水加入深鍋裡煮開，當水煮沸騰時加鹽巴。再次煮開後，將斜管麵和①的綠花椰菜一起放進去煮。

（4）由於綠花椰菜會很快煮好，確認變軟後就用網杓撈起，放入②的鍋裡，以木杓粗略搗碎成醬汁狀。

（5）在搗碎綠花椰菜期間，斜管麵也煮好了，加入④的鍋裡，也加少許的湯汁，一邊加熱一邊混勻。

說點題外話，綠花椰菜和白花椰菜雖然長得像，卻是完全不一樣的蔬菜。綠花椰菜生吃很難吃，但白花椰菜加鹽後生吃就很好吃。

義大利傳統的蔬菜「羅馬花椰菜」，也是歐洲相當受歡迎的白花椰菜。在義大利會將它淋油和鹽巴後生吃，但綠花椰菜就一定要煮熟。

◎綠花椰菜斜管麵

【材料．2人份】

綠花椰菜　小型1個
斜管麵　150g
鹽巴　適量
鯷魚（魚片）　3～4片
初榨橄欖油　2～3大匙
紅辣椒　1條
大蒜　2片

＊煮義大利麵時，100g的斜管麵要相對加入1公升的水和⅔～1大匙的鹽。由於有放鯷魚，所以沒必要加鹽和胡椒。若覺得不夠鹹，吃的時候再加一小撮的鹽。

韭菜：韭菜油豆腐味噌湯↓P.177

能一起嘗到韭菜與油豆腐的口感：韭菜束成一束切碎末，油豆腐剖半後切成小方塊，做出味道有點不同的味噌湯。

芋頭：涼拌芝麻味噌芋頭

↓P.183

與芋頭超級相配的芝麻味噌醬：芋頭的黏糊感配上甜且辛辣的芝麻味噌，真的很適合。醬料的材料若用研缽研磨混勻，做出來的芝麻味噌醬會更香。

地瓜：炸地瓜蝦仁↓P.191

地瓜和蝦仁切成同樣大小油炸：尺寸一致的材料，炸成圓滾可愛、容易入口的丸子，會獲得訪客的好評。油炸時，請用防噴油的網杓。這是個人寶貴的經驗。

綠花椰菜：青醬綠花椰菜→P.197

蒸鯷魚綠花椰菜→P.198

小松菜：蘿蔔泥涼拌小松菜及綜合時蔬
↓P.219

只用小松菜或以各種時蔬做成好吃的菜：將燙過的小松菜盛裝在小碟子裡，做成一人份的小菜，或是將冬季蔬菜一起燙過後裝在大盤子裡。搭配加了醬油、柚子的蘿蔔泥來吃會很美味。

菠菜：燙菠菜豬肉
↓P.224

立刻就能做好的常夜鍋風燉煮料理：由於立刻就能煮好，是很珍貴的燉煮料理。以太白粉鎖住美味的豬肉、加上分量十足、粗切的菠菜，和熬煮得很棒的高湯所交織出的良好和諧感，正是這道料理美味的祕訣。

蔬菜應從不易煮熟的部分煮起：切成塊狀的高麗菜先用油蒸煮，接著在高麗菜蒸熟之前先放入菠菜的梗，再放葉子，最後撒鹽和橄欖油。

菠菜：油蒸菠菜和高麗菜 →P.224

牛蒡：金平牛蒡↓P.237

牛蒡不切薄片而切成細絲：提到金平一般都是使用牛蒡薄片，但我只使用切成細絲的牛蒡，比較容易煮熟且美味。鍋子加熱後倒入芝麻油，牛蒡絲整個平攤放入快炒，就是做這道菜的祕訣。

牛蒡：日式炸牛蒡（沙丁魚絞肉）

↓P.240

牛蒡：日式炸牛蒡（雞絞肉）→P.239

紅蘿蔔：用迷你紅蘿蔔做的糖漬紅蘿蔔↓P.235

↓P. 248

敲碎帶皮的蓮藕：蓮藕的皮會釋出芳香味，且敲碎後表面積變大，能讓咖哩充分入味。因此請將帶皮蓮藕用木杵敲打，再用手掰開。

用橘子沙拉宣告春天的到訪→P.249

小松菜

由於產自東京小松川附近，因此稱為小松菜，對東京人而言是相當熟悉的蔬菜。和菠菜、白菜一樣，冬天是盛產季。小松菜非常耐寒，遇霜後菜的味道反而更甜，葉片也變厚且軟嫩。

小松菜的口感很棒且很美味，當我家餐桌上需要綠色蔬菜時，小松菜出現的頻率比菠菜還高。它可以拿來烹調任何料理，例如燙青菜、湯料、炒菜、涼拌菜、醃漬料理……對我而言，沒有其他更美味且好用的青菜了。

燙或炒小松菜時，梗和葉子部分要分開下鍋，受熱才會平均。當然，其他的葉菜類也一樣，調理前先浸泡冷水使之飽含水分，更能引出綠葉的甜味和香味。

1 鹽漬小松菜

很多人認為小松菜搓鹽是很特殊的料理法。

十字花科的蕪菁、油菜花通常會用鹽漬做成醃漬料理。邊吃這些醃漬料理時，我突然想到同類的小松菜也搓鹽或用鹽漬的話應該也會很好吃。搓了鹽的小松菜，口感清脆、味道清新，能刺激食慾。

●鹽漬小松菜

【材料・容易製作的分量】

小松菜 1把（300g）

鹽巴 小松菜重量的1.5～2%（4.5～6g）

一把小松菜搓鹽擰乾後，會變成一小撮。因此小松菜很適合大量攝取。以下都是能充分吃到小松菜的做法：蘿蔔泥中大量放入搓了鹽的小松菜做成綠色蘿蔔泥、剛煮好的米飯裡混入小松菜做成菜飯、小松菜蘿蔔泥中混入魩仔魚做成魩仔魚泥，當然也可鋪在烤魚上。

混入小松菜的米飯，若做成握壽司帶便當，色彩會很豐富。此外，和炸魚板、炸堅果、炸魩仔魚混在一起吃，也很美味。包在紫菜卷裡，內餡是綠色的會很漂亮，鹹味也剛好，這就是讓人一口接一口的細卷壽司。

此外，小松菜也可當炒菜、炒麵的配料，或當烏龍麵、味噌湯裡的綠色蔬菜（由於用鹽搓過，需要調整湯汁的鹹淡）。用大蒜、紅辣椒和小松菜也能很快做出義大利麵。不限和式、洋式或中式，小松菜的使用範圍很廣，也是它令人喜愛的地方。事先多做一些鹽漬小松菜，平常做菜就會很輕鬆，使用時邊思考一些新的吃法也很有趣。

以下介紹搓鹽的方法。若搓鹽當天立刻要食用時，就加小松菜重量1.5％的鹽。若希望放2～3天時，則加2％的鹽。

搓鹽的重點，就是將小松菜切得很細。切得很細的小松菜比較漂亮，也容易食用。梗的部分就直接切細末。葉子則先縱向劃2～3刀切開，接著再疊在一起切細。為了切得漂亮，需要鋒利的刀子。

此外，用重物壓會越壓滲出越多水分，因此充分擰乾也很重要。

（**1**）在小松菜的根部畫一字或十字切口，浸泡在冷水中10分鐘左右，比較容易去掉汙泥。充分洗淨後，梗切細末。葉子先縱向劃2～3刀切開，再疊在一起從邊緣開始切細絲。兩者混在一起，先測出其重量。

（2）碗裡放入①的小松菜，加入其重量1.5％～2％的鹽後全部混勻。

（3）裝入保鮮袋，並放進方形盤壓平成同樣的大小，排出空氣後拉上封口。

（4）壓重物時，先放上一個同尺寸的方形盤，上面再放上平穩的重物後放冰箱。

（5）拿出來使用時，先用手充分擰去水分。

若想品嘗像蕪菁般帶點漬物風的口感，就要撒入小松菜重量2％～3％的鹽，壓更多重物放1星期左右。若不拿掉壓著的重物，放入冰箱可保存1個星期。

2 蘿蔔泥涼拌小松菜及綜合時蔬

＊圖→P.207

燙過的小松菜拌蘿蔔泥會很美味。將檸檬汁或是柚子、金桔等柑橘類擠入蘿蔔泥醬油裡調出醬汁，味道會更清爽，能吃下很多的青菜。加櫻花蝦或小白魚乾也很美味，色彩也變漂亮。

用蘿蔔泥涼拌，做些豐盛的冬天蔬菜料理吧！要做一小盤一小盤也可以，但偶爾也可以把蒸熟的芋頭、菠菜、春菊、紅蘿蔔、日本蕪菁、蘑菇、蓮藕、牛蒡等，秋天到冬天的蔬菜處理好後，通通放進大盤子或大盆子裡，再加入分量十足的蘿蔔泥、醬油、對半切的柑橘類和七味辣椒粉等。先在其他容器備好滿滿的沙丁魚也不錯。這樣大家就可以各取所好，享用一頓有趣又豐盛的蔬菜大餐。

◎蘿蔔泥涼拌小松菜及綜合時蔬

【材料・4人份】

小松菜 1把
菠菜 1把
芋頭 3～4個
紅蘿蔔 1條
水芹菜 1把
春菊（食用） 1袋
蘿蔔泥 3～4杯
醬油 適量
柚子或金桔 1個
七味辣椒粉 適量

（1）芋頭洗淨後連皮一起蒸熟到可用竹籤刺穿為止，去皮、縱切成四等分。

（2）紅蘿蔔切成1㎝厚圓片，蒸到可用竹籤刺穿為止。

（3）小松菜和菠菜在根部劃出切口，將根部和葉子好好洗淨，調理前一起浸泡冷水10分鐘左右，直到葉子變挺直。

（4）小松菜和菠菜汆燙的時間不一樣，要分開燙。滿滿的熱水中撒入一小撮鹽，先少量（每次3～4株）地放入菜梗，接著將葉子壓入水中，顏色一改變就立刻撈起。小松菜平攤在托盤或竹簍上冷卻，具澀味的菠菜則泡一下冷水後立刻撈起，擰乾水分。接著分別切成4～5㎝容易食用的長度。

（5）春菊和水芹菜分別汆燙。

（6）蘿蔔磨成泥放在竹簍上自然瀝乾水分後，盛裝在器皿裡。切記不要用手擰乾。

（7）大盤子或大盆子裡，混合裝入①的芋頭、②的紅蘿蔔、④的青菜、⑤的春菊和水芹菜，添加⑥的蘿蔔泥醬油、柚子或金桔、七味辣椒粉。

裝入大盤子的方法，若邊考慮各種蔬菜的配色分別裝入，會很有趣（圖P.207），也可以一開始就將所有蔬菜混合均勻後裝盤。

3 醬汁浸小松菜

這是將燙過的青菜浸泡美味高湯後享用的料理。青菜可用小松菜或菠菜，最後加入柚子皮，會使這道菜變得更香、更高雅。

小松菜、菠菜的清洗和汆燙方法很重要，P.220雖然已詳細描述（做法③和④），這裡再補充一些。

小松菜、菠菜根部的泥沙，可在根部劃出切口後清除。若根部不大就劃一字形，若很粗就劃十字，接著浸泡在水裡約15～30分鐘左右，等切口泡開，泥沙就很容易脫落。

根部很難清洗時，不要整株放下去，可以跟葉子分開汆燙。把劃有切口的根部切成5～6cm長度，泡在冷水裡靜置一會兒再清洗，就能輕鬆洗乾淨。軟嫩的葉子則另外泡水後清洗。

這種做法，也會使汆燙變簡單。在鍋裡將水煮開，煮沸時先放根部，再放葉子。藉由一點點的時間差，就能把蔬菜燙得均勻。整把切齊時，就不建議這種方法，但平日的晚餐需要全部一起擰乾時，請試試看。

醬汁浸菜的調味，是將醬油、酒及少量的鹽加入稍濃的柴魚高湯裡。請記住，高湯的味道要調得比一般的清湯稍微濃一些。

將燙得稍帶清脆感的小松菜放入溫熱的高湯裡靜置冷卻，食用前不需要再加熱。雖然我喜歡吃微溫的，但天熱時吃冷的也很美味。

◎醬汁浸小松菜
【材料．2人份】
小松菜　1把
柴魚高湯或小魚乾高湯　2杯
（P.174）
鹽巴　1小匙
醬油　⅓～⅔小匙
酒　1大匙

（1）小松菜浸泡冷水後洗淨、汆燙後放在竹簍上充分瀝乾水分，再隨便剁一下。

（2）將高湯在鍋裡煮開，加入鹽、醬油、酒後煮至沸騰即關火，加入①。

（3）靜置冷卻到室溫程度，使之入味後盛裝在器皿裡，再以柚子皮、薑末裝飾。

醬汁浸小松菜如此簡單就能做好，也出乎意料地能攝取到大量蔬菜，若加入油豆腐，不但分量感十足，也很美味。

使用油豆腐時，一定要先去油。水煮開後將油豆腐放進去燙一下，就能去油。會比只淋熱開水，油分去得更徹底。將油豆腐剖成兩片，再切成極細的細絲，口感會變得更好。小松菜和切成差不多1㎝寬的油豆腐細絲一起煮，味道會很樸素、好吃。有趣的是，只因為油豆腐的切法，這道菜的外觀和味道就會有所不同。

前面介紹的是我家經常成為主要和食的小松菜做法，有時，我也會將它用於義大利料理的蔬菜濃湯。在義大利製作時是用高麗菜、紅莖的甜菜（P.229），但日本很難取得，而改用小松菜來做。小松菜和番茄很相配，也適用於番茄的燉煮料理。

菠菜

最近，菠菜的種類也增加了。澀味少、柔嫩且可生吃的「沙拉用菠菜」「紅莖菠菜」已較容易取得。因寒冷而提升甜味且葉肉較厚的「皺葉菠菜」也很有名。

一年四季在市場上都看得到菠菜，但從晚秋到冬天栽種在露天土地上的菠菜會特別美味，為了抗寒、保護身體，甜度會增加，葉子也較肥厚。這個時期的菠菜，連營養價值都會更加提升。

只不過葉菜類的蔬菜，尤其是菠菜，新鮮度最重要。採收後會從葉尖開始蒸發水分，漸漸地新鮮度就會下降。因此，最好在購入當天就用完。若有剩下，燙過後至少能保存得久一點，若能擰乾水分、分切成容易食用的大小，不但能當湯料，也能增加燉煮料理、麵類的色彩。菠菜煮得稍硬一點後擰乾，就能分成好幾小份冷凍保存。

菠菜的清洗和汆燙方式和小松菜一樣，煮的時間比小松菜短，要避免煮太久。

1 燙菠菜豬肉

這道菜在做好事前準備後5分鐘就能完成，吃起來很有滿足感，還能吃下很多的菠菜，也能使身體變溫暖。因此，在我家冬天經常出現。

高湯味道調得比一般的清湯稍微濃一點後煮開，放入薄薄撒上一層太白粉的豬肉，快速燙熟後取出。因為沾了太白粉，豬肉會帶適度的黏糊。接著，將菠菜葉迅速壓入熱水裡燙一下即取出，和豬肉一起享用。撒點山椒粉會更加美味。

若事先煮好高湯，即是一道瞬間就能完成的料理。假日時，將要當湯底的高湯全部煮好，少量分裝後放入冰箱冷凍即可。

這是將用豬肉與菠菜做成的常夜鍋★，做成「燉煮料理」感覺的一道佳餚。

（**1**）菠菜浸泡在冷水裡，只撕開葉菜部分，涮涮鍋用的豬里肌肉薄撒一層太白粉。

（**2**）鍋裡放入高湯加熱，加醬油和酒後煮開。

（**3**）高湯一煮開即轉中火，依①的豬肉、菠菜順序加入，迅速煮熟後裝盤。

外出的日子，還不到煮火鍋的程度，但想吃點什麼時，煮這道菜就十分理想。在疲勞的日子，有這樣一盤菜配白飯和納豆，就很滿足。

◎燙菠菜豬肉

【材料．2人份】

涮涮鍋用豬里肌肉 200g

菠菜 1把（200g）

湯汁

- 柴魚高湯（P.174） 1½杯
- 醬油 1大匙
- 酒 1大匙

太白粉 適量

＊不一定要用豬肉，改用雞胸肉也很好吃。

＊圖↓P.208

★指每晚吃都吃不膩的鍋物。

2 油蒸菠菜和高麗菜

我認為，拌入橄欖油後用蒸的「油蒸」法是非常好的調理方式，能讓人津津有味地吃下很多蔬菜。「油蒸」是很自由的料理方式，配合材料狀況和個人喜好，待蒜味釋入油裡之後蒸煮，或是加入油和培根，當然也可以只拌油。

蔬菜蒸煮程度的調整也依個人喜好，可以很快蒸一下或是蒸到熟爛為止。為避免材料燒焦，要使用厚鍋。若鍋子太薄，就事先加點水或是加入一些水分多的蔬菜（如番茄）即可。

這道菜是兩人份，半顆高麗菜、一把菠菜很容易就能吃完。高麗菜、菠菜都要浸泡冷水5分鐘左右，使之變清脆後才使用。

（1）高麗菜切成5㎝塊狀，菠菜的梗和葉子分別切開。

（2）在能緊密蓋上鍋蓋的鍋子裡放入①的高麗菜，輕輕撒上鹽和初榨橄欖油後很快將所有材料拌勻，立刻蓋上鍋蓋，以中火將全部材料燜到軟嫩。

（3）高麗菜快蒸好之前，先放入①菠菜的梗，接著也放入菜葉，加入鹽和初榨橄欖油快速混勻，再次蓋上鍋蓋燜蒸1～2分鐘。

高麗菜未泡冷水就蒸煮時，在蓋上鍋蓋前要加少許的水。大部分的蔬菜用油蒸都很好吃，例如番茄、紅蘿蔔、洋蔥、蕪菁等，種類多得不勝枚舉。最後，請依個人喜好撒上香氣十足的黑胡椒。

● 油蒸菠菜和高麗菜
【材料・2人份】
菠菜　1把
高麗菜　½個
鹽巴　適量
初榨橄欖油　2大匙
＊圖→P. 209

3 芝麻醬油涼拌菠菜蘿蔔乾絲

這是以味道香濃的芝麻調製的一道菜。炒芝麻若使用開封過的，請再次放入炒鍋或平底鍋裡，以小火炒香，再用研缽或手持式研磨器研磨，便能引出芝麻的香味，使之變美味。以日本國產的白芝麻或黃金芝麻調製的芝麻醬，香味超級棒。炒過的芝麻磨半碎後，依個人喜好，可以只用醬油或是加點甜味調味。

這是將用水泡脹的蘿蔔乾絲，放入加了薑絲的芝麻醬油裡拌勻，再加入菠菜拌在一起的一道菜。用芝麻、醬油及依個人喜好的甜味調成的醬汁，再加入薑絲，有了薑味會很好吃，請務必試試看。

●芝麻醬油涼拌菠菜蘿蔔乾絲

【材料・4人份】

菠菜 1把

鹽巴 少許

蘿蔔乾絲（乾貨） 25g

芝麻醬油

- 炒過的白芝麻 5大匙
- 醬油 1大匙多
- （依個人喜好的量）
- 砂糖 1½小匙或是
- 楓糖漿 2小匙

生薑 1片

（1）蘿蔔乾絲很快洗淨，浸泡在5～6倍冷水中約20～30分鐘泡脹，充分擰乾水分後切成4㎝左右的長度。

（2）菠菜先做好根部的處理，泡在冷水裡10分鐘左右清洗，再放入加了鹽的熱水中汆燙。一變色就快速浸泡在冷水裡冷卻，擰乾水分，切成容易入口的長度。

（3）薑切成兩半，一半剁碎一半切細絲。炒過的芝麻磨半碎。

（4）將③的薑末混入芝麻醬油的材料裡，放入①的蘿蔔乾絲充分混勻，再加入②的菠菜充分攪拌均勻。

（5）盛裝在器皿裡，將③的薑絲依個人喜好的量，抓一撮放在最上面。

這道料理，原本是只有蘿蔔乾絲的涼拌菜。某天，我試著將剩很多的蘿蔔乾絲以加了薑的芝麻醬油涼拌，沒想到很好吃，後來就變成常做的料理。然後又想「少了綠色」，就將手邊現有的菠菜放入，沒想到菠菜軟嫩的口感和蘿蔔乾絲有點脆的口感很合。

過程就像這樣，並不是刻意想出來的料理。有時突發奇想做做看，就會做出喜歡的料理，這就是最好的例子。

【美味祕訣】讓熟悉的「燙菠菜」和「奶油焗菠菜」更好吃

一提到用燙的菠菜能做的基本料理，就是「燙菠菜」和「奶油焗菠菜」。

任何料理都有其共通性，這兩道菜也不例外，重點都在火候。由於菠菜很快就燙熟，放入熱水後要非常注意。千萬不可錯過顏色變化的時機，一變成深濃漂亮的綠色時，立刻撈起並用指尖試試梗的硬度，只要多煮幾次就能拿捏。由於菠菜瞬間就會煮過頭，因此在燙菠菜時，我連電話都不會接。

菠菜燙好後，我會拿著3～4根根部對齊的菠菜，另一隻手像握著菠菜般朝葉尖方向擠出水分。這時，若菠菜出現破損，就代表煮過頭了。

要吃「燙菠菜」時，我會將高湯和醬油各半混合後淋在菠菜上，輕輕擰乾湯汁再裝盤。加柴魚片時，先用極少的醬油淋在柴魚片上拌成「醬油味蓬鬆的柴魚片」，再鋪在菠菜上。若醬油加太多，柴魚片會不蓬鬆。將柴魚片用力用手一握，會變成硬硬的一團，外表看起來蓬鬆的柴魚片，若淋點醬油使它有醬油味，反而能引出柴魚的香氣和美味。將醬油混入柴魚片時，每次只滴入1～2滴，反覆這個步驟幾次，就能以極少量的醬油使柴魚片變好吃。

這種柴魚片，原本是用來做便當菜的。便當裡想放入大量的蔬菜，但燙菠菜上一淋醬油就會出水。因此，將淋過醬油的菠菜再次擰乾後，上面添加一大把醬油味柴魚片，鹹淡恰到好處又美味，加上不出湯汁，很適合帶便當。這個方式也可應用在平常的燙青菜。

「奶油焗菠菜」也是大家很熟悉的便當菜。一般的菠菜都有澀味，會令人覺得苦澀，因此一定要燙過後再以奶油輕炒。

忙碌的早晨，從燙菠菜開始準備便當會很辛苦，可先在前一晚燙好。燙好的菠菜以奶油炒香，由於奶油容易燒焦，訣竅就是以較小的火烹調。

［美味祕訣］最近經常看得到的莙薘菜

最近在市面上好像常看到梗有黃色也有紅色的莙薘菜。這是長得像日本菠菜和小松菜的葉菜類蔬菜，在義大利稱為「瑞士甜菜」，是煮義式蔬菜湯、托斯卡尼蔬菜湯時不可缺少的蔬菜。尤其是義式蔬菜湯，會大量放入瑞士甜菜和番茄燉煮。

生鮮的瑞士甜菜，類似一般的甜菜葉，嘗嘗看會有點土腥味和酸味。

若是幼嫩的小型瑞士甜菜，可加入沙拉中生吃，既能提升味道的層次感，也可使色彩變繽紛。在日本也會將它加入沙拉嫩葉中。這樣的嫩葉，也可當三明治的配料，非常好吃。

甜菜的葉子若不趁幼嫩時採摘、放著不管，會長得又粗又硬，只能拿來當湯料熬煮。

瑞士甜菜很強壯，外表看起來也漂亮，因此，可試著在家裡的菜園栽種。我也曾在陽台種過一株瑞士甜菜，只要將根留著就會冒出新芽，能觀賞很久。在家裡的菜園種瑞士甜菜，既可採摘最新鮮的葉子來吃，當它開出紫色可愛的花朵時也很賞心悅目。

玖

使腸胃變好、滋味深邃的根菜類

紅蘿蔔、牛蒡、蓮藕等，任何一種根菜類都是我最喜歡的蔬菜。

這些在土壤裡慢慢孕育長大的蔬菜，具有香氣獨特、味道和口感都很好的魅力。還有使身體溫暖，調整腸胃的作用，希望大家能多多攝取。

為了避免出現「又是吃這個！」的想法，接下來介紹以同樣食材做出完全不同風貌和味道的三樣料理。在大量攝取吃也吃不膩的根菜類後，腸胃的狀況自然調整，會更輕鬆愉快。

紅蘿蔔

從秋天到冬天長得特別美味的根菜類蔬菜，建議大家一定要找有機栽培，不必去皮，直接料理。蔬菜表皮的作用在於保護蔬菜內部，因此表皮底下的部位保有最濃郁的蔬菜原味。

紅蘿蔔也不例外。請盡量不去皮、切大塊，花時間料理，獨特的味道和香氣，一定會化為令人不得不愛上它的魅力。

紅蘿蔔是容易因新鮮度和品質而味道有差異的蔬菜。最保險的選擇方式就是生吃看看，並從切口確認是否連內芯都是飽滿的紅色。請避免選蒂頭帶綠色的。切開時裡面偏白、乾癟的，紅蘿蔔味會很淡。葉子切口的圈狀越小的，代表裡面的肉質越軟。

此外，紅蘿蔔葉是美味、營養價值高的食材。幼嫩的葉子可直接炸成天婦羅，或涼拌、炒菜，較硬的就燙過後切碎加炒芝麻和烤味噌。在砧板上用菜刀剁碎，適合當小菜，或當白飯或握壽司的配料。粗硬的紅蘿蔔葉要剁碎才會好吃。

① 雞肉紅蘿蔔火鍋

紅蘿蔔盡量切大塊，與帶骨雞肉一起，用小火咕嘟咕嘟地燉煮到軟。想充分品嘗紅蘿蔔的甜味時，要切大塊，以免甜味流失。切得越大塊越好，甚至整條紅蘿蔔連皮一起煮。雖然要花不少時間，但放在爐火上以後就可不用管它，也可說是家事繁忙時很省事的料理。

調味只需要鹽、胡椒，也可放入洋蔥、高麗菜、馬鈴薯、芹菜等，輕鬆地開始燉煮。

這道火鍋一定要放大蒜和月桂葉。大蒜盡量放帶薄皮的，既不會煮爛，煮後也方便取出。

（1）充分洗淨紅蘿蔔皮，依喜好去皮或是對半切開都可以。洋蔥去皮，切成2塊或4塊。

（2）將①的紅蘿蔔和洋蔥、帶骨雞肉、帶皮大蒜、黑粒胡椒、月桂葉放入鍋裡，水加到能充分蓋滿材料的程度後加熱。

（3）一開始以大火煮開，去除浮沫，火關小後蓋上鍋蓋，咕嘟咕嘟地煮45～50分鐘左右。中途若有出現浮沫，小心地撈出。

（4）當紅蘿蔔煮軟到以湯匙可以簡單切開時，加鹽巴調味。盛盤前，先取出帶皮的大蒜。

●雞肉紅蘿蔔火鍋

【材料．4人份】

帶骨雞腿肉（切大塊） 2隻腿的分量

洋蔥 大型1個

紅蘿蔔 4～5條

大蒜（帶皮） 2片

黑粒胡椒 1大匙

月桂葉 2～3片

鹽 適量

2 烤紅蘿蔔

就像「烤洋蔥」（P.43）一樣，義大利中部常見的烤蔬菜可充分傳達該蔬菜的野生魅力。這裡介紹的「烤紅蘿蔔」也是如此。

（1）紅蘿蔔充分洗淨，連皮一起直接放進200～220℃的烤箱中烤至表面出現焦黃，能用竹籤刺穿，就烤好了。

（2）切成容易入口的大小後裝盤，撒鹽、胡椒，淋上初榨橄欖油。

只以烤箱烤，更能強烈感受到紅蘿蔔的甜味，很令人著迷。以火爐或無水鍋等厚鍋取代烤箱，也能將紅蘿蔔烤得很好吃。

這種烤時蔬的方法能應用在各種蔬菜，例如薯類、櫛瓜、南瓜、青椒等，可幾種組合在一起烤。調味只用初榨橄欖油和鹽，頂多再淋巴沙米克醋、檸檬汁，或是加黑胡椒、香草增添味道。不去皮，直接放入烤箱烤，就會變好吃，是非常好的調理法，不論配白酒或紅酒都很適合。

◎烤紅蘿蔔
【材料．4人份】
紅蘿蔔　小型4條
鹽、胡椒　各少許
初榨橄欖油　適量

【美味祕訣】用迷你紅蘿蔔做真正好吃的「糖漬紅蘿蔔」

田中庸介先生是一位採自然農法，親力親為栽種蔬菜的年輕農夫。他的田中農園位在茨城縣石岡市。田中先生栽種的蔬菜中有迷你紅蘿蔔。這種在夏天採收的紅蘿蔔，外形很像彼得兔吃的紅蘿蔔。

我試著用這種迷你紅蘿蔔做糖漬料理（圖P.214）。不去皮和鬚根，排列在耐熱盤裡，以180℃的烤箱乾烤。烤到表皮出現焦黃色，拌入奶油與楓糖漿，再稍微烤一下即可。做法簡單，卻很美味，且未加任何裝飾，可說是一道單純品嘗紅蘿蔔滋味的可愛料理。

糖漬紅蘿蔔原本是餐廳放在肉類料理旁的傳統裝飾。做法是將切成橄欖球形的紅蘿蔔放入加了奶油、糖、鹽的水裡熬煮，煮到表面呈現光澤。

用田中農園的迷你紅蘿蔔熬煮的「糖漬紅蘿蔔」比傳統的更充滿樸實風味。正因為如此，是一道滋味深邃、並多了一種紅蘿蔔樂趣的料理，會令人不自覺地愛上它。

田中農園
http://tanakanouen-petrin.com/
＊我每天吃的蔬菜都是「田中農園」生產的。

3 紅蘿蔔沙拉

這道沙拉的紅蘿蔔絲要切得比一般細絲粗一點，因為紅蘿蔔絲要醃漬在帶點酸甜的醬汁裡半天至一天以上，若切得太細容易變軟。

醬汁的材料是初榨橄欖油、楓糖醋、鹽、胡椒。將糖楓的樹液以葡萄酵母發酵製成的醋就是楓糖醋，味道很清爽。楓糖醋的風味會在餘味中散發著淡淡的香氣。

（1）紅蘿蔔充分洗淨，連皮一起切成比一般細絲粗的紅蘿蔔絲。

（2）混合材料做成醬汁，加入①的紅蘿蔔，醃漬到入味。

這道沙拉與其一做好立刻就吃，不如多靜置一會兒，入味後會更好吃。

同樣是紅蘿蔔沙拉，也有將紅蘿蔔切得極細、不花時間靜置，就是要保留其生鮮清脆味道的沙拉。在此是搭配以初榨橄欖油加檸檬汁和鹽、胡椒調味，並加入足夠的荷蘭芹末調成的醬汁。荷蘭芹的綠色與紅蘿蔔鮮豔橘色呈現明顯對比，非常耀眼。

同樣是紅蘿蔔沙拉，依切法和調味料用法的不同，會做出完全不一樣的成品。

●紅蘿蔔沙拉

【材料．2人份】

紅蘿蔔 2條

醬汁

- 楓糖醋 3～4大匙
- 初榨橄欖油 2～3大匙
- 鹽、胡椒 各少許

＊也可用3～4枝荷蘭芹和3大匙檸檬汁取代楓糖醋，調製成用於這種清脆紅蘿蔔沙拉的荷蘭芹檸檬醬汁。

牛蒡

牛蒡具有獨特的香味和咬勁，是我特別喜歡的蔬菜之一。對日本人而言，是非常熟悉的蔬菜，但是在海外卻不曾吃過。

牛蒡乍看之下好像很方便料理，只要洗一洗切一切即可，但其實很容易流失風味和營養、也很容易出現損傷，因此購買時要找帶土的。先摸摸看，飽滿有彈性的就很美味。

牛蒡的香味和美味大部分都保留在皮的部分，使用時不要去皮。平放在水槽內，邊沖水邊用鬃刷刷去泥巴和髒東西。切開之後，立刻泡在醋水裡去除澀味，不過，帶點澀味吃起來也別有一番滋味。泡5～10分鐘就要撈起，浸泡太久會使牛蒡的香味變淡。

1 金平牛蒡

我喜歡極細牛蒡絲做成的金平牛蒡。金平牛蒡就是讓切成細絲的牛蒡之間飽含空氣，能盡情享受牛蒡香氣的料理。

牛蒡斜切成長薄片，再盡量切成細絲，讓細絲的兩端都帶皮。牛蒡的皮很美味，想讓全部細絲都帶皮就要這樣切。此外，先斜切成薄片再切細絲有以下的好處：由於纖維被切斷，能很快煮熟，而且無損香味。

切好之後，立刻浸泡醋水5分鐘左右（若是新牛蒡就浸泡普通的水），去除澀味，以防變色。充分瀝乾水分後用芝麻油炒，以酒和醬油調味。若想要有點甜味，只要加點味醂就會有清爽的甜味。若放入去籽、切成小圓片的紅辣椒，味道會更夠勁。

（1）牛蒡以鬃刷刷洗，斜切薄片再切細絲，立刻浸泡在醋水（分量外）裡5分鐘左右，充分瀝乾水分。

（2）紅辣椒去籽，浸泡溫水後切成小圓片。

（3）芝麻油繞圈淋入已加熱的平底鍋裡，放入①的牛蒡平攤在鍋面上，以稍大的中火迅速翻炒。

（4）炒到恰到好處時，依序放入味醂、酒、醬油調味，加②的紅辣椒，以稍大的中火炒到湯汁收乾後盛盤。不立刻盛盤時，可以先裝在方形托盤裡。

我家是只用牛蒡做這道菜。若光用牛蒡覺得分量有點不夠時，可以加肉和紅蘿蔔變成「花式金平牛蒡」。就能做出分量十足的菜餚。肉可以用豬或牛肉薄片，帶點油脂的會比較好吃。肉也要先切成細絲，才能與牛蒡拌勻。

芝麻油在鍋裡加熱，先以小火炒大蒜，炒出香味時轉大火加入肉絲，一起炒到香脆時加入牛蒡絲繼續翻炒。所有的材料炒得油亮時，加入調味料，炒到湯汁收乾為止。要以稍大的中火迅速炒好。

◎金平牛蒡

【材料・2人份】

牛蒡（細長形）1條
紅辣椒 1條
芝麻油 1～$1\frac{1}{2}$大匙
味醂 1大匙
酒 1大匙
醬油 1～$1\frac{1}{2}$大匙
＊圖→P.210

◎花式金平牛蒡

【材料・容易製作的分量】

牛蒡 1條
豬肉（或牛肉）薄片 100g
大蒜（切碎末）1片分量
芝麻油 $1\frac{1}{2}$～2大匙
味醂 $1\frac{1}{2}$大匙
酒 1大匙
醬油 2大匙

金平牛蒡的材料都切得很細，因此清脆感能保持很久，不會軟掉，而且顯得很蓬鬆。要成功做出這種具空氣感的口感，除了要將材料切得很細外，還要以稍大的火候控制在短時間內將水分收乾。

2 日式炸牛蒡

這道「日式炸牛蒡」是在絞肉或魚肉末裡加入非常多的牛蒡細薄片做成的。絞肉或魚肉末會將牛蒡絲裹在一起，適合油炸。

做這道料理時，牛蒡要削成細薄片。細薄片的牛蒡很美味，但我習慣削成稍大的鋸齒狀細薄片，享受嚼牛蒡的快感，充分體會牛蒡的香氣和味道。

牛蒡去除澀味後，先仔細擦乾水分，接著，混合餡料是重點。將肉（或魚肉）和牛蒡和在一起的太白粉分量也要控制好，盡量用很少的量。或許有人會擔心這點，但只要充分混勻，用力握就能握成一團，再用良質芝麻油炸得酥脆即可。就算表面只沾很薄一層的太白粉也沒問題。

做肉餡時，將雞腿肉或雞胸肉放進食物處理器裡攪打成絞肉。試著自己攪打絞肉，會更美味。肉餡出現適度的黏度，就能好好黏附在牛蒡上。只要和黏附的材料一起以食物處理器略微

◘日式炸牛蒡

【材料・4人份】

牛蒡 1條
雞腿肉 1塊

A
- 蛋 小型1個
- 生薑末 1片分量
- 太白粉 1大匙

麵粉 適量
炸油 適量
辣椒、醬油 各少許

＊圖→P. 213

攪打即可。當然也可買現成的絞肉來做，用豬絞肉也很適合。

先從用雞絞肉的做法做起。以魚絞肉製作時，要領也差不多。用魚肉時，一定要加少許的生薑。

（1）牛蒡以鬃刷刷洗，削成稍大的細薄片，浸泡在醋水裡5分鐘左右，去除澀味，再用廚房紙巾充分擦乾水分。

（2）雞腿肉剔除多餘脂肪後切大塊，與A的材料一起放進食物處理器裡，快速地攪打成粗碎末。

（3）①的牛蒡和②的雞絞肉放入碗裡混勻，將手沾濕，餡料就不會沾手。捏成容易入口的形狀，整個表面薄撒一層麵粉。

（4）炸油加熱到170℃的中溫，將③的餡料炸酥脆。

可沾辣椒醬油吃，也可依個人的喜好，沾蘿蔔泥或薑泥醬油。

我也非常喜歡用沙丁魚肉末的「炸牛蒡」。沙丁魚用手剖開成片，連皮帶骨一起切成3㎝程度。將沙丁魚和A的材料一起放入食物處理器。當然也可用菜刀略微敲碎。將魚肉末放入碗裡，與削成稍大細薄片的牛蒡混勻。使用稍大片的牛蒡時，魚肉也要剁粗一點，吃起來會比較有口感。

和炸牛蒡雞肉有點不一樣，做炸牛蒡沙丁魚時，我會換點花樣，稍微壓平後以青紫蘇葉包起來。為維持青紫蘇的顏色，以150～160℃的低溫油炸。依個人喜好，將蔥切小圓片或

◘日式炸牛蒡（沙丁魚絞肉）

【材料・2人份】

牛蒡　細的1條

沙丁魚　2尾

A ─ 生薑末　1片分量
　 ─ 太白粉　不足1大匙

青紫蘇　10片

麵粉　適量

炸油　適量

長蔥（蔥白部分）　1枝

薑泥　1片分量

＊圖→P.212

生薑磨泥放入醬油裡沾著吃，或只沾醬油吃。

這道菜也很適合配啤酒或紅酒，在私人的聚會上，絕對會出現這道炸牛蒡。寫到這裡時，不禁又想做這道菜。

3 日式牛蒡飯

牛蒡是會散發味道的素材，放入米飯裡也好吃。

我家的牛蒡飯是加入酒和醬油、昆布一起炊煮。飯煮好後，昆布也不會丟掉，而是切成細絲，再混入米飯裡。依個人喜好，也可混入魩仔魚。我覺得，小魚和牛蒡超級搭。因此，高湯不用昆布湯，改用小魚乾高湯也很美味。牛蒡則切成容易吸收湯汁味道的小細片。

（1）煮飯前30分鐘先洗好米。

（2）牛蒡以鬃刷刷洗，切成小細薄片浸泡在醋水（分量外）5分鐘左右後瀝乾水分。

（3）淘洗好的米和②的牛蒡細片、昆布、酒、醬油放入炊飯器具裡，加入與平時煮飯時一樣多的水炊煮。煮好時，昆布切細絲混入飯裡，再加入魩仔魚。

●日式牛蒡飯

【材料・2～3人份】

米 2杯

牛蒡 1條

海帶 1片（約5cm）

酒 2大匙

醬油 2小匙

魩仔魚（依個人喜好） ½杯

［美味祕訣］無論啤酒或糙米飯都與炸牛蒡非常搭

這道菜要說到料理的部分，頂多就是把切好的牛蒡炸一炸而已。做法這麼簡單，卻有令人回味無窮的美味。

以鬃刷刷洗去泥土，切成喜歡的形狀且切得稍微大一點，放入170℃左右的中溫的油裡，炸到能感受到咬勁的硬度。這道料理的重點就是將牛蒡炸到出現彈力的程度，若很難理解就炸來吃吃看。

炸之前，先將醬油、咖哩粉、少許磨好的蒜末放入碗裡混勻，油炸的牛蒡依炸好的順序夾起，趁熱放入其中混勻。

不只是牛蒡，也可以將紅蘿蔔和蓮藕油炸後一起加入。

混合的調味料也可不用咖哩粉，只用胡椒和醬油，或是只加大蒜醬油，依個人的喜好加入紅辣椒末也很好吃，請以喜歡的口味愉快地享用。

這道料理當然可當啤酒的下酒菜，也適合配糙米飯。

新牛蒡

牛蒡的盛產季是初冬到冬天，初夏採收的新牛蒡是還很年輕的牛蒡。這種初夏才嘗得到的新牛蒡，特徵是纖細又嫩、香味很棒，也被稱為「夏天牛蒡」。它的莖是紅色的，飽滿、富彈性的會較新鮮。

新牛蒡和同一時期盛產的泥鰍，是煮「柳川鍋」★時不可缺少的搭檔，我會將活用新鮮食材，當成一種季節的樂趣。一般的牛蒡絕對沒辦法這樣，一定要新牛蒡才能做出這樣的料理。

1 涼拌新牛蒡蝦夷蔥

冬天的牛蒡具咬勁，而新牛蒡的長處是幼嫩且新鮮，放入加醋的熱水中燙一下，就能煮成美麗的白色，因此建議做成有清脆感的沙拉或涼拌菜。

這裡介紹的涼拌菜，就是在白色的新牛蒡裡拌入鮮綠色的蝦夷蔥。牛蒡和蝦夷蔥的味道很搭，能引出新牛蒡的美味。

100g的新牛蒡以鬃刷刷洗乾淨，先縱切成5cm長的薄片，再平放切成細絲，浸泡在醋

★源自江戶（舊東京）的鄉土料理，傳統食材是使用牛蒡、泥鰍和滑蛋。柳川鍋名稱的由來有很多說法，一般認為是由日本橋橫山町的柳川料理屋所創始的。

水裡約5分鐘後晾乾。放入加了少許醋的熱水迅速燙一下，仔細瀝乾水分，放入碗裡，立刻撒上1⅔大匙的醋，然後將2大匙的太白芝麻油、½大匙的醬油、少許鹽、5～6枝切成小圓片的蝦夷蔥混勻，放進碗裡拌在一起即完成。以上大概是兩人份的分量，很適合當下酒菜。

2 醋漬新牛蒡

這是相當珍貴的醋漬菜，做一次就能吃很久。

切法自由，通常我是快速將新牛蒡水洗，從上方用木杵敲碎。新牛蒡用敲的，很容易就碎裂，表面積變寬，更容易入味。

不論是先敲碎再用水燙，或是先燙過再敲碎都可以。重點是將新牛蒡用熱水燙到還留有爽快咬勁的程度。

接著，只要趁熱醃漬在辣椒醋裡即可。做法是先倒入足以覆蓋牛蒡的醋，再加入喜歡的分量的紅辣椒（去籽後切成小圓片）和少許的鹽巴，然後，慢慢倒入裝牛蒡的保存容器裡。

可以想成是牛蒡泡菜，以新牛蒡製作會很好吃。醋漬新牛蒡能保存很久，使用範圍又廣，可當漬物料理、混一些在沙拉裡，或是當肉和魚的配菜，相當好用。

蓮藕

蓮藕是很不可思議的蔬菜。雪白的根莖上，排列著花瓣般的孔洞。入口後，會有種不知是在吃根莖蔬菜，還是咬孔洞的含糊曖昧心情。

就是這樣。蓮藕的魅力就在以獨特的味道和加熱方式，讓人愉快地享受多樣的口感。外形有點粗俗，卻是對美容和健康有效的蔬菜。

蓮藕要選擇表面沒有損傷和色斑的。白得不自然的蓮藕，有可能是漂白過的，因此要選擇自然肌膚白、無漂白的產品。切斷的蓮藕，剖面呈白色、孔洞大小相當、整齊的是良品。要避免選孔洞上有褐斑或發黑的。

蓮藕若很快燙過就能保有爽口的咬勁，若煮得很熟就能吃到蓬鬆感，具有完全不同的風味。蓮藕沙拉、醋漬蓮藕、炒蓮藕等都是能在短時間內調理出來的清爽料理。若是花時間熬煮或是用高溫油炸，就能品嘗到它的蓬鬆感。

我多半會連皮一起使用，若要去皮就用削皮器削去外皮再切成喜歡的厚度。想要漂亮切出圓片時，可先輪切再用菜刀去皮。和牛蒡一樣，蓮藕一接觸空氣，切口就會變褐色，切開後要立刻浸泡在加少許醋的醋水裡5～10分鐘，去除澀味。想要做出雪白的醋漬蓮藕時，可將蓮藕浸泡在1杯水加2～3大匙太白粉融勻的太白粉水裡15分鐘左右，再充分瀝乾水分後使用。

1 清脆金平蓮藕

沿著纖維將蓮藕切成1cm見方的棒狀後下鍋炒，就能嘗到清脆的口感。

想要以菜刀削4～5cm長的蓮藕皮時，應先連皮一起切成需要的長度，再將切口倒向砧板，單手壓著蓮藕，另一隻手將菜刀朝砧板方向往下切，就能安全地去皮。

（1）蓮藕切成長4～5cm，去皮、縱向切成1cm方形棒狀，浸泡在醋水（分量外）裡10分鐘左右，放在竹簍上。

（2）紅辣椒浸泡在溫水裡，去籽切成小圓片。

（3）芝麻油在鍋裡加熱，放入①的蓮藕充分炒香。當蓮藕變透明時，加入A的調味料和②的紅辣椒，炒到湯汁收乾。

做這道菜時蓮藕會去皮，將削下來的皮和紅蘿蔔皮一起做成金平料理或油炸料理，可物盡其用、不浪費。

● 清脆金平蓮藕

【材料・2人份】

蓮藕　中型1節

芝麻油　2大匙

A　醋　2小匙

酒、醬油　各1½大匙

味醂或是極淡楓糖漿　2小匙

紅辣椒　1條

②炸蓮藕鑲肉

這道料理是使用冬天飽滿的蓮藕，且連皮一起使用。請盡量用具黏性且甘甜的加賀蓮藕烹調。

蓮藕的皮長時間熬煮會出現甜味，若連皮一起炸會很香，也更好吃。這道菜也是在帶皮的蓮藕裡塞入不調味的絞肉用油炸成的。有很多人都會吃驚地表示：「咦，就這樣？」但試過各種做法，最後定案的就是這個食譜。由於也想嘗到皮附近的美味，因此不去皮，而且絞肉有調味就會出水，無法炸得酥脆，也不調味。炸過的蓮藕，黏稠的口感和香脆的皮就很特別。將剛炸好的蓮藕鑲肉沾辣椒醬油吃，會不停地動筷子，一個接一個。

（1）蓮藕選無漂白的，充分洗淨、擦乾水分後，連皮一起切成一半長度。

（2）豬絞肉（或是雞絞肉）放在方形盤裡，從蓮藕的切口塞進滿滿的絞肉，塞到肉從上面的孔洞冒出來為止。另一半也同樣塞肉。

（3）除去從蓮藕孔洞上冒出來的多餘的肉，連皮一起切成厚1.5～2㎝的圓片。

（4）炸油加熱到170℃的中溫，放入③的蓮藕，兩面炸到出現焦黃為止。

（5）瀝乾油，盛裝在器皿裡，一旁添加辣椒粉和醬油。

這是一道既簡單又美味的代表性料理。不需要去皮，只要享受在蓮藕的孔洞裡塞滿絞肉的樂趣製作即可。

●炸蓮藕鑲肉

【材料．4人份】

蓮藕（無漂白）大型1節

豬絞肉 150g

炸油 適量

辣椒粉、醬油 各適量

3 咖哩蓮藕飯

這道料理也是使用帶皮蓮藕。蓮藕以木杵敲碎，用油炸引出香氣和美味。

蓮藕不用菜刀切碎而用敲的，敲碎面能充分附上咖哩醬油。一節的蓮藕切成兩塊，分別放在砧板上，以木杵用力敲使之產生幾道裂痕，再用手順著裂痕掰開。

這道咖哩飯用的是糙米。糙米的微甜與香氣，和咖哩很調和，感覺很美味。由於能雙重享受到蓮藕的蓬鬆感和糙米的咬勁，是「越嚼越香的料理」。

（1）蓮藕選無漂白的，充分洗淨、擦乾水分後，連皮一起切成一半長度。放在砧板上，以木杵敲出裂痕，用手掰成容易入口的大小。

（2）大蒜與生薑分別切碎末。

（3）平底鍋加熱，放入芝麻油、紅辣椒、②的大蒜和薑末、絞肉翻炒。當肉炒到酥脆時加醬油，並撒入咖哩粉、小茴香、香菜，再加月桂葉充分炒勻。

（4）炸油在炸鍋裡加熱到170℃中溫，放入①敲碎的蓮藕，炸到恰到好處的顏色，放入③的鍋裡混勻，嘗味道後加鹽起鍋。

（5）糙米飯盛裝在器皿裡，淋上④的蓮藕咖哩。

夏天時，也可在這道咖哩飯裡混入生鮮的番茄或搓鹽的小黃瓜、蘿蔔，若是喜歡馬鈴薯的人，也能放入煮熟的馬鈴薯。這是我家在容易沒食慾的季節時，能充分吃到美味時蔬的料理。

○咖哩蓮藕飯

【材料・4人份】

蓮藕（無漂白）　大型1節
豬絞肉　300g
大蒜、生薑　各1片
紅辣椒（小型的）　數條
芝麻油　2～3大匙
醬油　3～4大匙
咖哩粉　3～4大匙
小茴香粉、香菜　各2小匙
月桂葉、鹽巴、炸油　各適量

＊圖→P.215

【美味祕訣】用橘子沙拉宣告春天的到訪

橘子沙拉是西西里島春天的沙拉。切碎的橘子拌橄欖油和鹽、紅皮洋蔥、荷蘭芹。既新鮮又水嫩的橘色，給人等待已久的春天來臨的感覺。

這道沙拉若不只放橘子，還混入茴香、蝦子，就是可當成宴會料理的豪華生菜，而且是能使餐桌色彩更加繽紛的一道裝飾（圖P.216）。

在義大利，烏賊和章魚一定會搭配檸檬，蝦子則適合用橘子。蝦子須燙過並去殼。調味則用橄欖油和鹽，為了更夠味，會再加紅辣椒或是胡椒，也會加入紅洋蔥薄片和義式香菜末涼拌。

橘子是使用當地盛產的臍橙。先切掉橘子的上下使其能放穩，再從上往下削皮，仔細除去白色部分，再切成圓片或是將果肉一瓣一瓣地取出來。

這道有橘子的濃淡色澤並強調綠色的沙拉，很適合配氣泡飲料。香檳、Spumante或Prosecco氣泡酒（兩者都是辣口的氣泡白葡萄酒）都很適合。

索引

說明：

1. 有＊的記號是在「美味祕訣」或內文中作為參考的料理。
2. 依食材分類時，有的料理會出現兩次以上。

依食材分類

依蔬菜種類分類

非虛構027

有元葉子的野菜教室：一次弄懂30種蔬菜及158道美味蔬食料理
この野菜にこの料理：大好きな素材を3倍おいしく

作者　有元葉子
攝影　竹內章雄
校正・文　村上卿子
譯者　夏淑怡

出版者　愛米粒出版有限公司
地址　台北市10445中山北路二段26巷2號2樓
編輯部專線　(02) 25622159
傳真　(02) 25818761
【如果您對本書或本出版公司有任何意見，歡迎來電】

總編輯　莊靜君
主編　林淑卿
企劃　葉怡姍
校對　金文蕙・黃薇霓
內頁設計　王志峯
印刷　上好印刷股份有限公司
電話　(04) 23150280
初版　二〇一六年（民105）十二月十日
定價　380元
總經銷　知己圖書股份有限公司　郵政劃撥：15060393
（台北公司）台北市106辛亥路一段30號9樓
電話：(02) 23672044／23672047　傳真：(02) 23635741
（台中公司）台中市407工業30路1號
電話：(04) 23595819　傳真：(04) 23595493
法律顧問　陳思成
國際書碼　978-986-93468-5-6　CIP：427.1 / 105018470